定海神针

决战新要地

陈佳邑◎编著

青岛出版社
QINGDAO PUBLISHING HOUSE

"建设海洋强国书系"编委会

总　序

　　1888 年 12 月 17 日，我国近代规模最大的海军舰队在山东威海卫刘公岛成立。这支军队的建立实在迫于当时的形势与国情。这要从第一次鸦片战争说起。

　　1840 年，英国以虎门销烟事件为借口，发动了第一次鸦片战争。此役，清政府一败涂地。英国得了银子，占了香港。1856 年，英国和法国为扩大在华利益，分别以亚罗号事件和马神甫事件为借口，发动了第二次鸦片战争。清政府又一次割地赔款。

　　落后就要挨打，面对风雨飘摇的弱者，谁都想分一杯羹。1874 年，日本以牡丹社事件为借口出兵我国台湾。结果，清政府自知实力不足、海防空虚，且新疆亦有纷争，不欲战事扩大，遂赔款 50 万两白银。

　　台湾战事令清政府朝野震怒：前两次打不过英、法，此次"日本东洋一小国"又寻衅生事，怎能咽下这口气？危机意识刺激着清政府，一场近代海防建设的大讨论激烈展开。恭亲王提出"练兵、简器、造船、筹饷、用人、持久"等 6 条紧急机宜；李鸿章献上洋洋万言的《筹议海防折》，提出要进装备、强海防；丁日昌则建议建立三洋海军。总理衙门综合各方面的意见，提交了实施方案。清政府基本同意创设三支海军的奏请。光绪帝特命北洋大臣李鸿章创设北洋水师。

　　李鸿章即着手筹办北洋海军，通过英国人赫德在英国订购了 4 艘蚊船。1876 年 11 月，"龙骧""虎威""飞霆""策电"4 艘蚊船抵达天津后南下福建。"龙骧""虎威"二船驻防澎湖，"飞霆""策电"随水军操练。因确信蚊船的质量，李鸿章又订购了 4 艘，分别命名为"镇东""镇西""镇南""镇北"，留北洋接受调遣。1879—1881 年，清政府又向英国、德国订造"扬威""超勇"两艘撞击巡洋舰以及"定远""镇远"两艘铁甲舰。

　　促成清政府决心设立海军的是中法战争。1883 年 12 月至 1885 年 4 月，法国陆海两路进攻我国。法国舰队尤其肆无忌惮，在福建、浙江沿海一带击沉或击伤清战舰多艘，令清政府受到极大刺激。光绪下谕"惩前毖后，自以大治水师为主"，决定设立海军衙门。

　　此后 3 年，清政府海防事业迅速发展，从英、德等海军强国购置了鱼雷艇、巡洋舰等多种海军装备。1888 年 12 月 17 日，清政府在山东威海卫刘公岛成立海军舰队，史称"北洋水师"。我国近代海军装备发展由此掀起一个高潮。

北洋水师作战舰艇的总吨位超过 3 万吨，一度使我国跃居海军大国的行列，在亚洲地区首屈一指。有人专门为这支队伍谱写了一首军歌：

宝祚延庥万国欢，景星拱极五云端。

海波澄碧春辉丽，旌节花间集凤鸾。

好景不长。几年后，北洋水师在甲午中日海战中惨败，清政府被迫签订不平等的《马关条约》，割让台湾岛、澎湖列岛等给日本，赔款 2 亿两白银。自此，西方列强对中国这块"肥肉"更加垂涎三尺，欲进一步瓜分。1900 年，八国联军在天津集结，攻占大沽炮台，进而占领北京，逼迫清政府签下近代史上赔款数额最大、主权丧失最多、精神屈辱最深、给中国人民带来空前灾难的不平等条约——《辛丑条约》。海洋上的失利，就这样持续戳痛着中国人的心。

青年时代的毛泽东曾专程跑到天津大沽口，深沉地指着大海说："过去，帝国主义侵略中国大多从海上来。中国有海无防，帝国主义国家如同行走内河，屡屡入侵中国领土。"

近代百年的历史，给予中华民族刻骨铭心的教训——"向海而兴、背海而衰；不能制海、必为海制"；更使国人坚定了一种信念——"海洋兴，则国兴；海洋衰，则国衰"。

目光投向海洋，崛起离不开海洋。新中国成立前夕的 1949 年 8 月，毛泽东为华东军区海军题词："我们一定要建设一支海军。"1953 年 2 月 19 日，毛泽东首次视察海军部队，乘军舰航行 4 天 3 夜，为"长江""洛阳""南昌""黄河""广州"5 艘军舰题词："为了反对帝国主义的侵略，我们一定要建立强大的海军。"他的许多海洋发展思想陆续形成："把一万多公里的海岸线建成'海上长城'"，"必须大搞造船工业，大量造船，建立海上铁路"，"过去在陆地上，我们爱山、爱土，现在是海军，就应该爱舰、爱岛、爱海洋"，"核潜艇，一万年也要搞出来"……

这些思想，既面向世界、反对侵略，又立足国家需求、改变了传统的重陆轻海观念。同时，这也构筑了海洋事业发展的丰富内涵，奠定了中国海洋事业发展的基础。

百年砥砺奋进迎来百年沧桑巨变。勤劳勇敢的中国人民辟除榛莽、乘风破浪，纵横九万里，潜航一万米，奋楫千重浪，决战新要地。深邃浩渺的海洋迎来了中国人的航母、军舰、科考船、海洋卫星、潜水器、跨海大桥、海底隧道、海洋生物医药、淡化海水、石油钻井平台、高效港口……这正是：

虎门销烟气氤氲，帝国主义战舰侵。

山河破碎泪无限，沧海怒波血有魂。

百年漫漫风云路，万众拳拳赤诚心。

开辟天地换日月，向海图强定乾坤。

目　录

崛起　支点在海洋

　　向海拓路，天堑变通途。港珠澳大桥像一条巨龙，横亘在伶仃洋上，绵延 55 千米，筑成一道横跨三地的"海上天路"。

　　向海寻药，开启百宝箱。从海藻中提取海洋寡糖类分子用于新药，给阿尔茨海默病（有"神经系统癌症"之称）患者带来福音；从太平洋鲱鱼的精巢中提取脱氧核苷酸，用于治疗白细胞增生；从带鱼的鳞中提取鸟嘌呤，用于治疗白血病⋯⋯

　　向海勘查，奥妙层出不穷。千亿方大气田在渤海"横空出世"，储量巨大，可供百万人使用上百年。

　　向海要水，更多人尝到甘甜。海岛不再"久旱盼甘霖"，船舶不再他乡取甘泉。淡化水顺着管道流入学校、医院和百姓家水管，拧开水龙头，汩汩清水沁人心脾。

　　向海发展，开放中国，联通世界。一个个港口默默守候，如母亲的怀抱，在海洋与陆地的交会处送别和迎接着每一艘往来的航船；一座座港城拔地而起，聚力向海，繁华而忙碌。

　　海洋是生命的摇篮、云雨的故乡；海洋是资源的宝库、五洲的通道。

　　偌大的地球，只有三分是陆地，剩下七分是海洋。无论身在何处，海洋都影响着我们的生活，关系着我们的衣食住行。如今，海洋还日益成为一座城市乃至一个国家综合实力与发展潜力的指向标。

　　放眼世界，大部分发达地区或因海而立，或借力大海灿烂绽放。从美国纽约到日本东京，从澳大利亚悉尼到荷兰鹿特丹，海洋无一例外是其城市发展版图上的亮眼明星，构筑起地区发展的核心动力。

　　一种海洋活性分子的成功提取可能引发整个医药界的震动，一次海洋勘探的发现可能预示某个油气富矿的存在，一汪海水甚至能为一片土地带来生的希望……而海洋带给我们的远不止这些。

在中国，沿海地区以 13% 的土地承载了 40% 以上的人口，创造了约 60% 的国内生产总值，实现了 90% 以上的出口贸易……

海洋像一架桥，不仅将人群与地域连通，还把一个国家的昨天、今天与明天联系了起来。

随着中国"一带一路"倡议的提出和"海洋强国"建设的推进，海洋石油、海水淡化、海洋生物医药、海洋新能源等一系列与海相关的蓝色经济概念越来越多地涌现出来，走入科研院校、公司企业，甚至走进了寻常百姓家。

如果把海洋经济比作一颗价值不菲的钻石，那么海上交通、海洋药物、海水淡化……就是这颗钻石上的各个"切割面"。领域分割得越细、拓展得越广，水平发挥得越稳、提升得越快，就意味着"切工"越精，成色越高，品质越好，这颗钻石才会越发光彩夺目。

一点点蓝色微光，汇聚成一股股蓝色力量，迸发出强大的蓝色生命力。

随着中国海洋科技不断取得突破，原本汹涌澎湃的大海变成了潜力无限的聚宝盆。蓝色海洋正在孕育更多可能。

2020 年，中国海洋生产总值超过 8 万亿元，占沿海地区生产总值的比重为 14.9%，按照年平均汇率折算，这个数字相当于 2020 年经济总量居世界第 14 位的西班牙的国内生产总值数。海洋经济总值占国内生产总值的比重常年保持在 9% 以上，对国民经济增长的贡献率显著，能有效拉动国民经济增长，是拉动中国国民经济发展的有力引擎。

以海洋经济强国，已成为当今世界发展的趋势。在中国经济面临结构调整和转型挑战之时，潜力无限却仍未充分开发的海洋经济无疑将成为未来经济发展的重要支点。本书从跨海交通工程、海水淡化、海洋油气生产、海洋新能源、海港、海洋生物医药等 6 个方面梳理了中国海洋经济主要领域的发展脉络和未来前景，以飨读者。

第一章 "世纪工程"港珠澳大桥

2009 年 12 月 15 日,港珠澳大桥工程开工建设。2017 年 7 月 7 日,大桥主体工程全线贯通。2018 年 10 月 24 日 9 时,大桥正式通车运营。"超级跨海工程"港珠澳大桥成为 2018 年高频出现的热词。

从开工到通车,历经 9 个春秋,3000 多个日日夜夜,这座目前世界上里程最长、沉管隧道最长、设计使用寿命最长、钢结构桥体最大、施工难度最大、技术含量最高、科学专利和投资金额最多,集桥、岛、隧于一体的跨海大桥终于"横空出世"。

2018 年 10 月 23 日,港珠澳大桥开通仪式在广东珠海举行,国家主席习近平出席开通仪式并宣布大桥正式开通。

一桥连三地,天堑变通途。

蔚蓝开阔的伶仃洋上,海天一色,港珠澳大桥如同一条巨龙飞腾在大海之上。东接香港,西接珠海和澳门,横亘伶仃洋的港珠澳大桥总长 55 千米,是改革开放以来粤港澳三地首次合作共建的一项超大型跨海交通工程。

超级跨海工程——港珠澳大桥

别　　名	"现代世界七大奇迹之一"、桥梁界的"珠穆朗玛峰"
类　　型	斜拉桥、特大桥、公路桥
长　　度	55千米
宽　　度	33.1米
车道规模	双向6车道
设计速度	100千米/小时
建造难度	★★★★★
起止位置	香港国际机场、珠海拱北口岸
设计使用寿命	120年

港珠澳大桥有多牛？

"轮势随天度，桥形跨海通。"

港珠澳大桥这项超大型跨海工程不仅引领粤港澳地区进入融合的新时代，也创造了人类桥梁建筑史上的一个奇迹。

2019年1月，"2018年度中国十大海洋科技进展"出炉，"中国第一条海上沉管隧道工程 —— 港珠澳大桥岛隧工程建成通车"位列其中。

岛隧工程是整个大桥的控制性工程，包含两个外海人工岛和一条海底深埋沉管隧道。同时，该沉管隧道也是中国建设的第一条外海沉管隧道，是目前世界上规模最大的公路沉管隧道和世界上唯一的深埋沉管隧道。

大桥主体工程集桥、岛、隧于一体，面临诸多世界级技术挑战，包括海中快速成岛、隧道管节沉放对接、大规模工厂化制造、超长钢桥面铺装等。

2018年10月，被誉为"现代世界七大奇迹之一"的港珠澳大桥顺利通车。9年建设中，大桥的设计和建造者们攻坚克难，开创了沉管隧道"最长、最大跨径、最大埋深、最大体量"4项世界纪录，并取得多项具有自主知识产权的创新技术。

港珠澳大桥顺利通车。

2018 年度中国十大海洋科技进展

序 号	时 间	科技进展
1	2018 年 9 月 10 日	中国第一艘自主建造的极地科学考察破冰船"雪龙 2 号"在上海下水。
2	2018 年 10 月	中国第一条海上沉管隧道工程——港珠澳大桥岛隧工程建成通车。
3	2018 年 10 月 29 日	中国和法国联合研制的首颗中法海洋卫星在酒泉卫星发射中心成功发射。
4	2018 年 10 月 20 日	大型灭火 / 水上救援水陆两栖飞机鲲龙 AG600 在湖北荆门成功实现水上首飞。
5	2018 年 6 月	中国在南海首次成功完成深海多金属结核采集系统 500 米海试。
6	2018 年 4 月	中国科学家使用自主研发的两台 4500 米作业级潜水器——"海马"号遥控潜水器和"深海勇士"号载人潜水器在南海北部陆坡西部的"海马冷泉"开展联合科考并创造多项纪录。
7	2018 年 5 月 18 日	"向阳红 01"船历时 263 天，行程 38600 海里，跨越印度洋、南大西洋、整个太平洋，圆满完成中国首次环球海洋综合科学考察，取得了多项突破性成果。
8	2018 年 7 月	中国海洋大学教授陈显尧与美国华盛顿大学学者合作证明了北大西洋经向翻转环流变异对大洋热盐环流和全球气候变化有着显著影响。
9	2018 年 8 月	由自然资源部第一海洋研究所副研究员薛亮等学者组成的研究团队，在国际上首次证实了南半球热带的大气环流特殊模式对南大洋海水表层的酸化速率具有明显的调控作用。
10	2018 年 3 月	中国科学院海洋研究所研究员张国良团队主导并联合美国、澳大利亚学者，首次对南海扩张期洋壳玄武岩研究取得了突破性进展。

国外专家评价，港珠澳大桥沉管隧道超越了之前任何沉管隧道项目的技术极限。

2019 年 4 月，"港珠澳大桥工程建设关键技术"荣获广东省科学技术进步奖特等奖。

截至 2019 年 4 月，港珠澳大桥的研究成果已获授权专利 27 项、计算机软件著作权 6 项，建立试验平台两项，发表专著 10 部、论文 145 篇，获国际大奖 3 项。经鉴定，其成果达到国际领先水平。

2020 年 8 月，一年一度的国际桥梁与结构工程协会（IABSE）"杰出结构工程奖"评选结果揭晓，港珠澳大桥主体桥梁工程从全球众多土木结构工程中脱颖而出，荣膺"2020 年度杰出结构工程奖"，获得该奖的项目被认为是业界的"地标"。大会执委会认为港珠澳大桥工程规模非常庞大，颇具复杂性与挑战性，在技术创新、材料创新、美学价值、环境保护以及社会效应等方面都取得了杰出成就。

桥梁史上最强"中国制造"

　　港珠澳大桥是"一国两制"框架下、粤港澳三地首次合作共建的超大型跨海通道，全长55千米，设计使用寿命120年，总投资约1200亿元人民币。大桥于2003年8月启动前期工作，2009年12月开工建设，筹备和建设前后历时达15年，于2018年10月开通营运。

　　大桥主体工程由粤、港、澳三方政府共同组建的港珠澳大桥管理局负责建设、运营、管理和维护，三地口岸及连接线由各自政府分别建设和运营。主体工程实行桥、岛、隧组合，总长约29.6千米，穿越伶仃航道和铜鼓西航道段约6.7千米隧道，东、西两端各设置一个海中人工岛（蓝海豚岛和白海豚岛），犹如"伶仃双贝"熠熠生辉；其余路段约22.9千米为桥梁，分别设有寓意三地同心的"中国结"青州桥、人与自然和谐相处的"海豚塔"江海桥以及扬帆起航的"风帆塔"九洲桥三座通航斜拉桥。

青州桥

江海桥

九洲桥

沉管隧道　从零到极限

伶仃洋上"作画"，大海深处"穿针"。港珠澳大桥如同一条巨龙，盘旋在海天之间。然而，人们在赞叹其雄伟壮丽的同时，却不知道在实现这个美丽蜕变的背后有着多少辛酸故事。

港珠澳大桥一角

港珠澳大桥为何备受瞩目？只因一个字：难。这项超级工程的体量之巨大、建设条件之复杂，是当前世界同类工程中前所未有的。

港珠澳大桥由桥梁、人工岛、隧道3部分组成。其中，岛隧工程是大桥的控制性工程，需要建设两座面积约为10万平方米的人工岛和一条长约为6.7千米的海底沉管隧道，以实现桥梁与隧道之间的转换。这是大桥建设中技术最复杂、难度最大的部分，而其中最大的难点要数这个外海沉管隧道的建造。

在港珠澳大桥建设之前，全国的沉管隧道工程长度加起来还不足4千米，加之这是中国第一次在外海环境下建造沉管隧道，怎么建？建多久？一切都还未知。

2005年，建设港珠澳大桥的计划刚刚被提出。当时，世界上比较长的现代沉管隧道有连接丹麦哥本哈根和瑞典马尔默的厄勒海峡沉管隧道及连接韩国釜山加德岛和巨济岛的沉管隧道，沉管段长度分别约为3.5千米和3.2千米。港珠澳大桥的沉管段约长达5.7千米，其建设面临长度最长、埋深最深等世界性难题。

首先，来看看离我们最近的世界性海底隧道——巨加跨海大桥海底隧道。

巨加跨海大桥工程分为海底沉管隧道路段和斜拉桥路段两部分。韩国在这一工程中首次引进了沉管隧道的施工方式，建成了总长达 3.7 千米的海底隧道，在当时（港珠澳大桥之前）居世界第一。该沉管隧道设置在海底约 48 米处，成为当时世界上最深的海底隧道。

据了解，该大桥项目安装部分全部由欧洲人完成。在安装每一节沉管时，56 位荷兰专家会从阿姆斯特丹飞至釜山，亲自赴现场施工。

2007 年，港珠澳大桥岛隧工程总工程师林鸣带领考察团在釜山考察时，只被允许乘船在距离大桥 300 米左右的海面上对相关装备等进行考察拍照。

釜山之行后，国内团队找到当时荷兰的一家顶级桥隧公司，希望合作建造港珠澳大桥。然而，荷方开出了 1.5 亿欧元（当时约合 15 亿元人民币）的天价！

难以支付国外高额的技术咨询费用，其他国家的沉管隧道技术又无法在港珠澳大桥上照搬套用……怎么办？怎么干？

自己干！大桥岛隧工程团队"摸着石头"从零开始，独立攻关，挑战外海深水沉管安装技术及装备。

港珠澳大桥岛隧工程的沉管段总长近 6000 米，分为 33 个管节，每个标准管节长 180 米、宽 37.95 米、高 11.4 米，单节沉管重约 8 万吨。工程采用节段式柔性管节结构，施工者操控 8 艘大马力全回转拖轮（即在原地可以 360 度自由旋转的拖轮）协同作业。同时，工程配置的安装船通过遥控等技术调整管节姿态实现精确对接。

2013 年 5 月，历经 96 个小时的连续奋战，海底隧道的第一节沉管成功安装。回想起当时的情景，林鸣说："我就像一个没被培训过也毫无驾驶经验的新手司机，要把大卡车、大货车甚至大客车开到北京的五环、三环上去。"

然而，第一节的成功安装并不意味着随后 32 节的安装都可以简单复制，复杂多变的外海环境和地质条件让每一次施工的风险都不可预知。

岛隧工程首节沉管浮运作业完成。

每一次都是第一次，每一节都是第一节。

33 节沉管的"海底之吻"中，最"刁难人"的要数第 15 节沉管的安装了，其间共经历了两次回拖、3 次安装。2014 年 11 月 17 日，珠江口出现了罕见低温，海况异常恶劣，1 米多高的海浪甚至把工人们推到了沉管顶部。

港珠澳大桥 E15 管节浮运安装顺利完成。

无奈之下，大家只好艰难地把沉管护送回坞内，第一次安装宣告失败。第二次安装是在 2015 年 2 月 24 日（正月初六），为了准备这次安装，几百人的团队在春节期间也没有休息。然而再次出发，施工现场却出现了回淤现象，也就是挖槽内发生了泥沙沉积，船队只能再次撤回。一直到同年 3 月，施工队才再次"启程"。这次多亏相关政府部门的支持。由于回淤现象与珠江口的采砂活动有关，相关政府部门要求珠江口的 7 家采砂企业、200 多艘采砂船、1 万多名采砂人员全部暂停工作。终于，第三次安装成功完成。

尽管恶劣天气、多变海况、复杂地形等一系列因素时不时地"捣乱"，整个工期的推进却并未因此耽搁太久。团队咬紧牙关，与时间赛跑，在 2015 年超出原计划的 9 节安装任务，实际完成了 10 节沉管的安装，创造出沉管安装的"中国速度"。

在岛隧工程中，团队还创造了"极限 3 毫米对接偏差"等多项纪录。

由于体积和重量都很大，每节沉管堪比一艘航母，因此不论是沉管的生产、运输还是安装，每个环节都堪称大工程。

为保障工程需要，团队在珠海牛头岛建设了当今世界上最大的沉管预制厂，大桥海底隧道的 33 节巨型沉管全部出自该厂。33 节沉管中，有 5 节是曲线段沉管（5500 米曲线半径的弧度）。头次听说曲线沉管，很多人可能会认为就是沉管的每个节段都呈圆弧状。其实不然。港珠澳桥隧工程的曲线沉管采用"以折代曲"的工艺，即把小节段预制成类似梯形的形状，使每两个小节段之间产生一定角度，通过多个节段的组合，达到与曲线相似的效果。

2016 年 10 月 8 日，第 33 节沉管精准安装完成！这是岛隧工程的第一根曲线沉管，全长135米，由8个部分组合而成，安装难度远大于其他直线沉管。同年12月25日，第31节沉管，也是当今世界上最大的曲线沉管在海底成功"安家"。

港珠澳大桥首节180米长曲线管节E31实现精准安装。

自2013年5月岛隧工程顺利完成首节沉管的海上安装之后，建设团队在伶仃洋上又完成了诸多"第一"：第一节沉管与西人工岛隧道暗埋段的"海底之吻"，第一节曲线沉管与东人工岛的无缝对接，第一节180米曲线沉管的"深海定居"……终于，在30多次"海底之吻"之后，港珠澳大桥沉管隧道最终建成。

打造桥隧超级"底座"

港珠澳大桥海底隧道是中国首条外海沉管隧道，而建设隧道的前提是：大桥岛隧工程团队要快速建起两个离岸人工岛，打好桥梁的海上"基座"，从而实现海中桥梁与隧道之间的转换衔接。

如何在水深10余米且软土层厚达几十米的深海中打好这两个超级"底座"，大桥岛隧工程团队又遇到了挑战……

首先是时间上的限制。传统的在海里造岛的方法不仅造价高，工程周期也很长。港珠澳大桥作为一个系统工程，对每一个子工程都有严格的时间要求。设想一下：如果大桥、隧道都建好了，岛还没造好，那么所有的工程人员和设备都只能坐等其完工，这对于人力、物力和财力都是非常大的浪费。

其次，在外海造人工岛不仅要解决工程技术难题，还要兼顾周边自然保护区的生态环境保护。

因此，人工岛建造必须要有快速成岛的方案。经过长达半年的反复设计、论证和实验，团队创造性地提出了"用大直径钢圆筒围造人工岛"的思路，即将两个人工岛的外围用巨型钢制圆筒围住，然后往里面吹沙，这样不论从稳定性还是效率上来说都有很大优势。

多方论证后，超大直径钢圆筒、液压振动锤联动的优化方案最终被采纳。这也成为港珠澳大桥岛隧工程的一项创举。建设两个人工岛共用了 120 个直径约为 22.5 米、高 40.5~50.5 米、重 500 多吨的钢圆筒。每个钢圆筒都有十几层楼那么高，重量相当于一架空客 A380 飞机。这些钢圆筒都在距离施工现场 1600 多千米的上海长兴岛分批次建造，然后由 8 万吨级的远洋运输船运至珠江口。

接下来就是将这些"巨无霸"钢筒按照要求，一个一个稳稳当当地插入海中泥面以下。

具体怎么做呢？这就需要一套重要装置 —— 八锤联动振沉系统登场了，我们称之为"振天锤"。这个名字听起来就异常霸气的装备名副其实。该装备由吊架、振动锤、

八锤联动振沉系统

共振梁、动力柜、液压夹头系统、集中控制台等组成。组装完毕后，整套装备的重量约为"巨无霸"钢圆筒的5倍，是当时世界上最大的八锤联动振沉系统。

岛隧工程西人工岛首个钢圆筒顺利振沉。

2011年5月中旬，1600吨起重船"振浮8号"吊起"振天锤"和首个"巨无霸"，在"钢圆筒振沉管理系统"的引导下，稳稳地扎进海底，揭开了西人工岛的施工序幕。

前前后后仅221天，120个巨型钢圆筒在伶仃洋海面围成了两个小岛，实现了"当年开工、当年成岛"的计划，创造了钢圆筒单体体量、振沉精准度、振沉速度等多项世界纪录。

西人工岛

东人工岛

像搭积木一样搭桥

港珠澳大桥修建的第三个难点,在于其桥梁的建设。其实,港珠澳大桥在建桥中所用的技术,比如海底打桩、建桥墩、搭桥梁等,同其他跨海大桥的相比,没有太大的差别;其最主要的区别在于,港珠澳大桥的施工地点位于外海,风大浪高,面临的施工难度要远远高于在内海建大桥。

2014年1月19日,港珠澳大桥长132.6米、宽33.1米、重2815吨的首跨钢箱梁在深海区架设成功,标志着港珠澳大桥主体工程建设取得了又一个阶段性突破。

海上埋置式承台施工是桥梁部分工程的亮点,共有188个桥梁承台需埋入海床面以下。

考虑到环保需求,施工单位还颠覆了以往的建桥方式,采取工厂化生产、机械化装配的模式,像搭积木一样建桥,同时把构件作为产品生产,保障了大桥的质量和耐久性。

在台风频繁"光顾"的港珠澳地区,桥梁的安全监测至关重要。在港珠澳大桥的设计阶段,工程团队除了采用更高超的技术保证桥梁建设质量及运行安全,强大的传感检测器也必不可少。港珠澳大桥上装有液压测力传感器、力矩传感器、重力传感器等数千种传感器,共同构成了一套完整的高精密感知系统,能够对隧道内的风速、温度、湿度、压力及二氧化碳、氮氧化物和微颗粒浓度等参数进行实时监测,实现对桥梁"健康状况"的精准判断。

"苦心人，天不负。"2017 年 7 月 7 日，港珠澳大桥主体工程全线贯通。大桥岛隧工程团队百折不挠的坚持、同舟共济的合作都凝固成丰碑，跟随这项超级工程一同载入中国桥梁建造的史册。

到这里，你或许会好奇：在海上建造这么一项浩大的工程，难道不会对当地的海洋生态环境造成很大的影响吗？

工程建设与生态环境两不

港珠澳大桥夜景

误，是贯穿港珠澳大桥项目的核心原则。为了给大桥的建设做好监测预警服务、提供海洋环境保障，多家单位倾尽全力，为这项世纪工程的圆满完成保驾护航。

为施工水域做"体检"

要确保对生态环境的有效保护，首先需要"睁大双眼"，"监视"施工海域环境的"一举一动"。

自 2011 年 4 月起，南海环境监测中心便对港珠澳大桥施工作业水域开始了常规性的海洋环境跟踪监测。

2011 年 5 月至 2017 年 4 月，南海环境监测中心每月都会开展一个航次监测，为相关海域"把脉问诊"，分析样品超过 5 万个，提交监测报告和监测快报各 72 期。这 72 份专业"体检"报告详细介绍了施工区域的水文气象、海水质量、海洋沉积物、海洋生物及工程巡航监视等情况，评估了大桥建设施工期间对周围海域的环境影响。同时，南海环境监测中心还提供了监测分析数据，协助施工单位及时采取相应措施，减少工程施工对海洋环境造成的影响。

根据南海环境监测中心对港珠澳大桥主体工程海洋环境的监测数据，港珠澳大桥主体工程施工对海洋环境质量总体未造成明显影响。

白海豚"不搬家"

港珠澳大桥所在的珠江口海域栖息着 2000 多头野生中华白海豚。珠江口中华白海豚国家级自然保护区是中国现存最大的中华白海豚栖息地。截至 2019 年 4 月，该海域中华白海豚累计识别 2381 头，约占全国总数的一半。港珠澳大桥项目的建设目标之一，就是不让白海豚"搬家"。

2011 年，借鉴香港和国外经验，港珠澳大桥管理局专门引入"环保顾问"—— 南海规划与环境研究院的专家，为大桥工程的环保工作提供咨询、评估、建议等服务。

由于港珠澳大桥的两个人工岛均为人工填海而成，改变了伶仃洋的地形地貌，因此人工岛附近海域成为环保检查的重点。施工期间，环保顾问团队每月都会监测水质情况，分析数据并与有关方面定期交换意见。

施工平台、人工岛、桥梁面等施工场地还配备了采用生物降解技术的环保厕所，在很大程度上提升了生活污水的净化效果，把对环境的影响程度控制到最低水平。

港珠澳大桥施工期间的相关监测结果显示：港珠澳大桥主体工程施工区海洋生物群落较稳定，沉积物质量无明显变化，工程建设未对周边海域敏感区域产生明显影响。

随着海上施工强度的降低，检查人员甚至惊喜地发现，中华白海豚的目击率非但没有下降，反而越来越高了！这表明这片海域的生态保护和恢复状况越来越好。

中华白海豚

海况提前知

港珠澳大桥项目中，沉管隧道工程的建设是最具挑战性的一项工作。其中的沉管浮运和安装环节对所在海域的天气、海浪、海流都有严苛的要求，而施工海域 —— 伶仃洋作为珠江进入南海的一段喇叭状海口，海况多变，加上容易受到台风影响，海洋环境更是复杂异常。

伶仃洋

要保障施工的顺利进行，就需要提前知晓海况，做好海洋环境预报。

从 2013 年 5 月大桥首节沉管安装开始，到 2015 年 12 月第 24 节沉管安装完成，准确精细的海洋环境预报如同"军师"一般，引导着整个施工建设的安排与决策。

此外，项目组还在沉管施工区域放置了多种海洋调查仪器，监测海流、波浪及盐度变化，收集区域水文信息并总结规律，从而在临近施工时提高预报的准确率。以前，项目组只能每两个小时预报和监测海面到施工海底的海水流速，如今已经提升为 1 分钟监测和 5 分钟预报，效率与精度之高让人赞叹。

中国疏浚，助大桥建设一臂之力

港珠澳大桥拥有目前世界最长、国内首条外海特大公路沉管隧道。这段目前国际最先进的沉管隧道背后深藏着许多中国疏浚工程师为攻破世界性清淤难题而创造的鲜为人知的奇迹。

我们都知道，盖房子要打地基，建设海底隧道也需要挖掘隧道基槽，但是后者的施工要求更高、难度更大。处理海底地基首先要做的便是清淤疏浚，整理好基槽，为后续沉管的安装做准备。

何为疏浚？疏浚就是疏通、扩宽或挖深海、河、湖等水域，用人力或机械进行水下土石方开挖工程。无论是开拓航道、深挖港口，还是清淤湿地、湖泊，都离不开疏浚技术的支撑。

赋予整平船清淤技能

港珠澳大桥沉管隧道处于外海环境，受风浪、水流等因素影响较大，非常容易发生大面积泥沙淤积，即回淤现象。

2014年年底，大桥岛隧工程团队在敷设第15节沉管隧道时，就突然遇到泥沙回淤现象。经过150多天的艰苦攻关，第15节沉管终于安装到位。

但是，这次的问题解决了，如果后面再次出现泥沙回淤怎么办？能不能在碎石整平船上安装一套高精度的基床清淤装置，既能清除碎石上的淤泥，又不吸走碎石呢？工程队提出这样一个设想。

对此，上海振华重工等多个相关企业单位立即联合起来，开始对整平船"津平1号"进行技术改造。

为了尽早实现整平船清淤功能，自2015年3月起，上海振华重工抽调近100名技术骨干入驻岛隧工程施工现场，24小时不间断地充分利用碎石基床开展整平工作。随后，技术人员开展了一系列测试，基本确定了各个系统的基本参数。

"津平1号"牛刀小试获成功

2015年秋季,受台风影响,第22节沉管碎石基床施工不得不暂停整平作业,已铺基床是否会出现回淤? 这成为泥沙攻关组非常担心的问题。

怕什么来什么。10月29日监测显示,第一、二船位的回淤程度突然加剧,并于10月31日进一步恶化。

经过多次研讨,团队决定将第22节沉管的安装时间推迟,并使用已经完成技术改造的"津平1号"进行第一、二船位的清淤作业。

港珠澳大桥海底隧道 E22 沉管安装成功。

仅用4天,"津平1号"就顺利完成了清淤工作。

2015年11月5日,第22节沉管安装顺利完成。测量结果显示:该沉管的对接精度保持了一如既往的高水平。

正是因为制定了有针对性的清淤目标和方案,岛隧工程团队才最终实现了对回淤问题全过程的控制。

中国疏浚走向深蓝

从无到有,把不可能变为可能,是中国疏浚业的缩影。

从无技术、无装备、无人才的"零起步",到引进国外装备、自主研发核心技术的步履蹒跚,再到亚洲最大重型自航绞吸船"天鲲号"的投产应用,中国疏浚工程技术实现了跨越式发展。中国如今已成为少数几个能够自主实施大规模航道疏浚和吹填造陆工程的国家之一。

"以前,疏浚工程主要面向内河航道、内陆湖泊等,如今正越来越多地向深海进军,比如深海采矿以及外海港口、远海岛礁的建设维护等。"原中国疏浚协会秘书长钱献国介绍,港珠澳大桥工程被称为"现代世界七大奇迹之一",充分展现了中国疏浚在加快出海、走向深蓝中的实力。

🔗 链 接

"津平1号"

2017年8月5日,港珠澳大桥主体工程完工时,伶仃洋上汽笛鸣响,"津平1号"缓缓驶出人们的视线,正式离开珠海。

"津平1号"是世界上最大的也是唯一一艘具备清淤功能的平台式抛石整平船。"津平1号"完成了港珠澳大桥沉管隧道全部33节沉管的碎石基床铺设重任,创造了±4厘米标高误差、合格率100%的世界奇迹。随着港珠澳大桥海底隧道的贯通,"津平1号"也完成了在这里的历史使命。

"津平1号"

8月5日当天,港珠澳大桥岛隧项目总部将"津平1号"交接给中交第一航务工程局二公司。发船仪式上,伶仃洋上空烟花绽放,即将离开奋战7年的岛隧工程,许多船员不禁热泪盈眶。

项目总部还专门为"津平1号"的船员们准备了纪念画册,作为他们曾经在这个"超级战场"战斗的留念。

据统计,在服务港珠澳大桥沉管隧道敷设期间,历经1400多天,"津平1号"大小车在负荷600吨的情况下行走距离超过300千米,相当于上海到南京的距离;完成基床铺设总面积超过24万平方米,约相当于33个标准足球场的面积,创造了一项项世界壮举。

疏浚重器"天鲲号"

2019 年 3 月，中国自主研发、亚洲最大的重型自航绞吸船"天鲲号"完成通关手续，从江苏连云港开启首航之旅，标志着完全由中国自主研发、建造的疏浚重器"天鲲号"正式投产。

停靠在码头的"天鲲号"

正在进行海试的"天鲲号"

"天鲲号"全长 140 米，宽 27.8 米，最大挖深 35 米，设计每小时挖泥 6000 立方米。"天鲲号"处理岩石、淤泥、黏土等不同土质均不在话下，堪称"削岩如泥"。此外，它还可以将碎石、泥沙吸走,送到 15 千米外的地方填埋。

"天鲲号"还拥有高度智慧的"大脑",安装了国内最先进的自动挖泥控制系统,可实现自动作业、监控及无人操控,大大提高了作业效率。想必大家知道北京的水立方吧,凭借高超的挖掘本领,"天鲲号"一周内挖出的海底混合物就可以将其填满。因此,"天鲲号"特别适用于沿海及深远海港口的航道疏浚。

除此之外,在"天鲲号"船体上层居住区域和主船体甲板之间有多个气囊进行隔离,这是"天鲲号"首创的气动减震装置。148 只柔性气囊挖泥时充满气体,可有效缓冲船体在工作状态下的震动。船的桥架重量高达 1600 吨,可满足挖掘高强度岩石的需要。桥架配置了世界最大的波浪补偿系统及三缆定位系统,使其即使在大风浪的海况中也能确保船舶的施工安全。

"海上大力士"——"振华30"

起重船又称"浮吊""浮式起重机",主要应用于大件货物的装卸、海上大件吊装、海上救助打捞、桥梁工程建设和港口码头施工等多个领域。"振华 30"是中国自主建造的、世界上最大的起重船,被称为"海上大力士"。

作为世界上最大的全回转起重船,"振华 30"可以吊起 7000 吨重物做 360 度全回转。其排水量达 25 万吨,单臂固定吊装能力达 1.2 万吨,相当于 60 架波音 747 客机的重量,甲板面积相当于 2.5 个标准足球场。

在港珠澳大桥岛隧工程中,有一段虽然只有不到 6000 米但技术难度非常高的沉管隧道,它由 33 节沉管在海底严丝合缝地连接成一个整体。要保证沉管隧道"滴水不漏",实现准确对接非常重要。"振华 30"体量大、臂力强、技术先进,在这个环节发挥了不可或缺的作用。

33 节沉管在两岸分别沉放,最后在中间会合,最终接头是一个钢筋混凝土结构的楔形装置。"振华 30"要将这个重达 6000 吨的钢筋混凝土结构准确地插入 30 米深的海底,完成港珠澳大桥海底隧道的贯通。最终接头的吊装工作要求接头的吊装精度控制在前后 15 厘米、上下 1.5 厘米的范围。这要求船只自身、柔性的吊索及吊钩、被吊装的最终接头所组成的整体结构保持良好的稳定性。最终,"振华 30"出色地完成了这项艰难的任务,在中国桥梁建造史上写下了浓墨重彩的一笔。

"振华 30"

建设中的超级工程——深中通道

港珠澳大桥创造了中国乃至世界跨海大桥建设的奇迹,但这仅仅是个起点……

继港珠澳大桥之后,中国又一个集"桥、岛、隧、水下互通"于一体的超级工程——深中通道(连接深圳市和中山市的大桥)也在施工当中。

2018 年 9 月,中国深中通道全面开建。该通道东边为海底隧道,西边为全球最高的海中大桥——伶仃洋大桥。通道预计 2024 年建成通车,届时只需 20 分钟,车辆便可实现深中两地通行。

深中通道西人工岛振沉施工现场图

据了解,目前大湾区有 11 个城市分布在珠江口的两侧,来往车辆过江都要走虎门大桥。从深圳到中山的直线距离为 20 多千米,但途经虎门大桥就变成 100 多千米的车程。拥堵的交通在一定程度上阻碍了东西两岸的交流，而这种状况将随着深中通道的建成得以缓解。

深中通道全长 24 千米，全线采用双向 8 车道高速公路标准建设，设计速度为 100 千米 / 小时。其中，沉管隧道长 6.8 千米，届时将成为世界最长的海底沉管隧道，也将是全球首个使用双向 8 车道超宽钢壳混凝土建成的沉管隧道。

和港珠澳大桥沉管隧道建设相似，深中通道首先也要建设两个人工岛。沉管隧道两端分别连接东人工岛和西人工岛，西人工岛是桥隧转换，东人工岛则承担"水下互通"的重要枢纽功能。

西人工岛是该工程海上大跨径桥梁与特长双向 8 车道海底沉管隧道的重要过渡，也是首节沉管隧道对接的关键前提。西人工岛岛长 625 米，最宽处 456 米，呈菱形，就像海上的风筝，陆域高程为 4.9 米，海域使用面积为 25.3 万平方米，其中海面以上岛体面积达 13.7 万平方米，大小约相当于 19 个国际标准足球场。

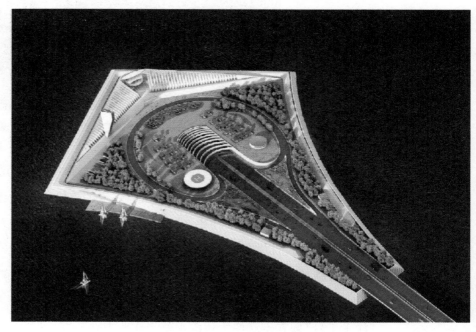

深中通道西人工岛建成效果图

东人工岛除了承载着项目沉管隧道与桥梁交通转换的功能，其最重要的功能是通过机场枢纽在水下互通立交，实现深中通道与广深沿江高速、宝安机场、大铲湾港区、大空港区之间的快捷交通转换。未来，经深中通道东人工岛水下立交，车辆便可东往深圳、西往中山、北往广州、南往香港，真正实现快速便捷交通转换、各城市间互联互通。

深中通道采用钢壳混凝土沉管结构。钢壳沉管隧道有两种标准管节，其中一种单个管节长 165 米、宽 46 米、高 10.6 米，用钢量约 1 万吨，体量相当于一艘中型航空母舰，堪称"巨无霸"。项目共 32 节沉管，总用钢量达 32 万吨。

"一航津平2"与"一航津安1"

据了解,用于伶仃洋大桥沉管隧道基础整平的核心装备是全球最大的自升式碎石铺设整平船"一航津平2"。

2019年4月9日,"一航津平2"在江苏南通下水。2019年7月,该船前往广东,为建设中的深中通道提

世界最大自升式碎石铺设整平船"一航津平2"

供沉管基础整平服务。因铺设作业的高效率和自动化,该船被誉为深水碎石铺设的"3D打印机"。经"一航津平2"高精度整平后,沉管隧道的连接可以做到滴水不漏。

2018年7月20日,"一航津平2"开工建造。它集基准定位、石料输送、高精度铺设整平、质量检测验收功能于一体。其主船体为箱形"回"字结构,长98.7米、宽66.3米、深6.5米,桩腿总长75米,铺设整平作业最大水深40米,每4个船位可完成单个沉管管节抛石整平作业。

"津平1号"曾在港珠澳大桥深水整平作业中立下"赫赫战功"。作为"津平1号"的加强版,"一航津平2"在性能、规格、国产化程度等方面均实现超越,多项性能位居国际领先水平。

此外,深中通道的建设还依赖另一重器——"一航津安1"。它是目前世界上安装能力最大、沉放精度最高、施工作业最高效、性能最先进的海底隧道沉管施工专用船舶。这艘世界独一无二的大船,也是深中通道建设的核心装备。

世界首艘自航式沉管运安一体船"一航津安1"

"一航津安1"全船总长190.4米,型宽75米,型深14.7米,排水量超过1万吨,为全钢板焊接结构,船体采用双体船船型设计,两侧片体由4个箱形跨梁结构连接而成。两侧片体的中间区域可以用来放置需要进行浮运的沉管管节,双体船的船型能够有效保证沉管在浮运和安装过程中的稳定性。

在港珠澳大桥工程中,隧道沉管是由若干拖船组成的编队拖运,再由专门的安装船进行安装。这不仅增加了运输成本,而且加大了浮运安装操作的难度。沉管浮运安装一体船的设计由此应运而生。

"一航津安1"具备自航功能,配有2套9280千瓦主推进系统和8台大功率侧推系统,深水静水工况下拖带165米、72000吨标准沉管浮运航速可达5节,同时能够抵抗1.6节横流。另外,"一航津安1"具有带沉管出坞、带沉管浮运到施工水域进行沉放及安装作业的功能,实现了外海沉管机械化、自动化浮运安装作业。一艘船就起到了多艘大马力拖船、沉管安装船的作用,理论上实现了不依靠辅助船舶可连续完成沉管的出坞、浮运及定位安装等施工作业,且施工效率大幅提升。

数座桥　让天堑变通途

世界上第一座跨海大桥——洛阳桥

　　神话里，王母娘娘拔下玉簪，划出一道银河，拆散了牛郎和织女，而喜鹊用身体搭成一座彩桥，让牛郎和织女在天河相会；现实中，地壳的张力让大地裂开，形成了一片海湾，将两地阻隔，人们则用建材铸成一座钢铁"长龙"，将天堑变为通途。

　　常言道："隔山不算远，隔河不算近。"这说的是：在大山面前，只要肯攀登，就能到达目的地；而在河海面前，如果没有桥或渡船，即使很近也难以抵达对岸。

　　过去，有多少离岸的风景，因为交通不便，让世人难睹其"美貌"；有多少亲人，因为分隔两地，让相见变得不易。

　　于是，从古时候起，人们就开始摸索建桥技术。能工巧匠的双手加上智慧的创造，为中国的桥梁建筑史留下了许多举世瞩目的成就。北京卢沟桥、河北赵州桥、广东广济桥……这些"明星桥梁"不胜枚举。可是，你知道吗？世界上第一座跨海大桥也出自中国古代工匠之手！

　　这座跨海大桥便是位于福建省泉州市的洛阳桥。

跨海石桥"洛阳桥"

有趣的是,这座洛阳桥并不在洛阳。

据记载,唐朝初年,由于社会动荡不安,战争时有爆发,民不聊生,大量中原人南迁。到了宋朝,已有许多洛阳人迁至泉州定居。他们看到此地山川地形与洛阳颇为相似,为寄托思乡之情,便称新建的桥为"洛阳桥"。

洛阳桥建于北宋时期,距今已有近千年的历史。这座跨江接海的大石桥历时近7年,耗银1400万两,才最终得以建成。该桥长834米,宽7米,有桥墩46座,全部用巨大石块砌成,结构坚固,造型美观。

洛阳桥的建造过程异常艰苦。这主要是因为洛阳江在连江接海之处,深受海水侵蚀之苦,桥基必须特别坚固,才能抵御海潮侵蚀。造桥工匠们创造了一种新型桥基——筏形桥基。建造者先沿着桥的中轴线将大量石块抛入江中,然后延伸出一定宽度,形成一条连接江底的矮石堤,再在上面建造船形墩。这种桥墩被认为是桥梁建筑史上的重大突破。

此外,洛阳桥还创造了我国建桥史上浮运架桥法的纪录。建造者采用"激浪涨舟,浮运架梁"的方法,利用潮汐的涨落,把一条条重达数吨的大石板架在桥面上,既减轻了人力负担,又方便石料的运输,大大加快了工程的进度。

千年来,洛阳桥一直屹立不倒,除了因为桥梁建造者精湛的造桥技术,还在于其创造性地"利用"了一种动物。为了使桥墩更为牢固,设计师巧妙地通过繁殖"砺房"的方法来黏合石块。牡蛎喜欢附着在海边礁石上,且黏性非常大。根据这个特点,当时的桥梁建造者们在桥墩上养殖天然牡蛎,为桥墩铸造了天然的保护层,而这种用生物特点和习性加固桥梁的方法,古今中外,十分罕见。

洛阳桥由北宋泉州太守蔡襄主持建造。建成后,蔡襄下令沿途栽松植树。这样既可以防止水土流失,又可遮掩道路,使过往商旅在酷暑之时免受骄阳暴晒之苦。蔡襄在千年前已经注意保持生态平衡,调整人与自然的关系,其远见卓识令人赞叹不已。

蔡襄像

中国第一座真正意义上的跨海大桥——杭州湾跨海大桥

随着经济的发展、科技的进步，中国的桥梁建设也渐入佳境，一座又一座跨海大桥"横空出世"，屹立于海天之间。

从 60 多年前举全国之力建一座武汉长江大桥，到如今一年之内便建成数千座特大型桥梁，全国大桥总数量超过 100 万座，大跨径桥梁数居世界之首，"中国跨度"见证着中国跨越。

2003 年 6 月 8 日，中国第一座真正意义上的跨海大桥 —— 杭州湾跨海大桥动工建设。在对其进行前期研究和设计时，中国还缺乏跨海大桥的建设标准和规范，就连"大桥的寿命应该是多少年"这样一个基础性问题，在当时都没有一个明确标准。

杭州湾跨海大桥

作为世界三大长廊海湾之一，杭州湾地区台风多、潮差大、潮流急、浅层沼气多，要在这里建起一座跨海大桥，其建设难度在当时几乎不可想象。

2008 年 5 月 1 日，杭州湾跨海大桥正式通车，成为当时世界上最长的跨海大桥。大桥建成后，工程师在其建设时提出的 100 年设计使用寿命的要求成为国家超大桥梁建设的行业标准。

10 多年来，杭州湾跨海大桥的车流量一直稳步增长。2008 年大桥通车初期，每天的车流量为 2.8 万辆次，到 2018 年已经增长到每天 3.7 万辆次，大桥车流总量达到了 1.2 亿辆次。

杭州湾跨海大桥的建起还带动了区域旅游的发展。设计者采用"长桥卧波"的美学理念，将大桥设计成"S"形。大桥中央部分还建有一个面积达 1.2 万平方米的海中平台——海天一洲，其上有一座观光塔。除了能为大众提供旅游观光台的功能，它还承担着海中交通服务救援平台的作用。

此外，大桥还催生了一座新城的诞生。2009 年以前，杭州湾南岸还是一片芦苇荡，如今这里已是高楼林立、灯火辉煌，一个绵延数里的千亿级产业群正在崛起。

特大跨海大桥——胶州湾大桥

取代杭州湾大桥世界最长"霸主"地位的，是 2011 年 6 月 30 日正式通车的青岛胶州湾大桥。该桥是中国自行设计、施工、建造的特大跨海大桥，是青岛市规划的胶州湾东西两岸跨海通道"一路、一桥、一隧"中的"一桥"。

青岛胶州湾大桥

胶州湾古称"胶澳",是位于中国黄海中部、胶东半岛南岸、青岛市境内的半封闭海湾,南北长约 32 千米,东西宽约 28 千米,面积近 500 平方千米。

"山隔十里可走,水隔一步难行。"长期以来,这片被青岛人称作"母亲湾"的海湾将青岛主城区与西海岸的黄岛隔开。两岸往来,人们要么从陆上绕行,要么靠船舶摆渡。

1986 年 12 月,青岛至黄岛的轮渡航线正式开通。当时只有两艘渡轮,船票从 1.2 元到 2.4 元不等。渡轮运力惊人,不仅渡人,还渡车。

青岛轮渡

伴随着改革开放的深入和城市化水平的提高,轮渡已不能满足胶州湾两岸人员及货物的往来需求。尽管后来又建设了胶州湾高速,但是陆上拥堵的常态使得从青岛到黄岛仍需 1 个多小时车程。

为此,青岛市政府开工建设了青岛胶州湾隧道和胶州湾大桥。2011 年 6 月 30 日,"一桥一隧"正式通车。隧道全长 7.8 千米,海底部分约 4 千米,最深处位于海平面以下80 多米。胶州湾大桥全长约 36.48 千米,横跨胶州湾,把青岛、黄岛和红岛连接起来。如果走隧道,车辆仅需 10 多分钟便可往返胶州湾两岸;如果走跨海大桥,东西岸的路程也大幅缩短。

青岛胶州湾隧道

桥是空中的路。鸟瞰中国,一座座跨海大桥架起,一段段海底隧道建成,在方便国民生活的同时,也彰显了一个国家的实力。

经过 20 世纪 80 年代的"学习和追赶"阶段、90 年代的"提高和创新"阶段,中国桥梁建设迎来了 21 世纪的"超越"阶段。如今,中国已成为全球工程基建项目最多、建造跨海大桥最多的国家。随着港珠澳大桥的建成,中国也由桥梁建设大国成为桥梁建设强国。

鸟瞰青岛胶州湾大桥。

第二章　海水淡化　解渴中国

　　海水淡化，就是将海水脱盐，从而获得淡水的过程。海水淡化作为水资源的开源增量技术，具有"不淹地、不移民、不争水、不受气候变化影响"的特点，可以实现稳定供水、应急供水和战略性供水，是解决沿海水资源短缺问题的重要途径。除了产出淡水作为生活用水、工农业用水，海水淡化还能用来生产食用盐。海水淡化的过程中会产出浓缩海水，这些浓缩海水经过进一步处理后可得到食用盐，也可以从中提取其他化学元素并进行深加工，被应用于多个领域。

为什么要开展海水淡化研究？

地球因约 71% 的表面积被水覆盖，所以又被称作"水球"。尽管如此，地球上的淡水资源却非常有限，真正能够被人类利用的只有江河湖泊及部分地下水，加起来仅占地球总水量的 0.26%，且情况错综复杂，分布不均。

地球卫星图

如何打破淡水供应不足的困境？人类不约而同地把目光投向取之不尽的海水。

早在 400 多年前，英国王室就曾悬赏征求经济的海水淡化方法。16 世纪，人们开始努力从海水中提取淡水。当时正值新航路开辟，欧洲的船队出现在世界多处的大海上。在漫长的旅途中，船员们就用船上的火炉煮沸海水来制造淡水维持生存。加热海水产生的水蒸气冷却凝结就可以得到纯水，这是日常生活的经验，也是海水淡化技术的开始。

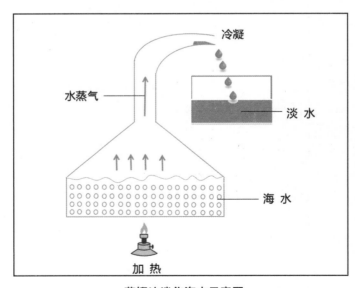

蒸馏法淡化海水示意图

海水淡化技术的大规模应用,起源于干旱的中东地区。这里全年少雨,大部分土地被沙漠覆盖,淡水资源极度匮乏。特别是第二次世界大战之后,国际资本集中力量开采当地的石油资源,在促使当地经济迅速发展、人口迅猛增长的同时,也加剧了这个原本就无比"干渴"的地区对于淡水资源的需求。海水淡化成为解决该地区淡水资源短缺问题的现实选择,而濒临地中海、红海、波斯湾的独特地理位置恰好为其发展海水淡化产业提供了良好条件。

位于迪拜的大型海水淡化装置

当然,海水淡化技术的研发和推广并不局限于中东地区。随着全球人口不断膨胀和工业飞速发展,水资源供需状况持续紧张。人类开始探索新的水处理技术和方法,聚焦如何开源增加淡水资源。从简单的过滤沉淀到去除有机物,从蒸馏净水到海水淡化,通过不断改进技术方法,科学家使可以被人类利用的水资源变得更净、更纯了。

20世纪70年代以后,能源危机进一步加剧了水资源危机,倒逼了海水淡化技术的急速"成长"。至今,被研究过的淡化技术众多,其中蒸馏法、电渗析法、反渗透法都达到工业化生产的水平,并被广泛应用于世界不同地区。

中国海水淡化技术"成长史"

中国海水淡化技术起步较早，技术进步快速且日趋成熟。中国已成为世界上少数几个攻克并全面掌握反渗透法和蒸馏法两大主流海水淡化技术的国家之一。

近年来，中国海水淡化工程总体规模稳步增长。截至 2019 年底，全国有海水淡化工程 115 个，工程规模约为 157.38 万吨／天。中国在反渗透和低温多效海水淡化等方面的相关技术已接近或达到国际先进水平，实现了从无到有、从弱到强、从示范到规模应用的蜕变。

中国海水淡化的技术研究最早要追溯到 20 世纪 50 年代。1958 年秋，中国科学院在其成果展览上展出了由中科院化学研究所与海军合作研发的一个大型海水淡化器，该设备采用电渗析法淡化苦咸海水，并应用于海军舰艇和海岛上。时近新中国成立 10 周年，该设备作为全国科学技术成就之一载入史册。

1967 年，一个令海洋科技界振奋的消息传来：当时的国家科学技术委员会决定在全国开展海水淡化会战。这次会战的任务之一便是用 3 年左右的时间制造出一台小型海水淡化样机，实现直接从海水中制取淡水。

这场会战同时在青岛、北京和上海三地进行。青岛和北京主攻反渗透法的研究，上海主攻电渗析技术。

来自全国多个科研院所的研究人员随即组成团队，迅速投入这场海水淡化的战役中。为了攻克反渗透技术难题，科研团队反复研究，夜以继日地进行膜的设计与实验。

时值资源匮乏、供应紧张的 20 世纪 60 年代，除了技术攻坚，找到合适的材料也异常困难。曾参与早期海水淡化课题研究的中国工程院院士、浙江工业大学海洋学院院长高从堦回忆说，当初为了找一个做反渗透装置的高压泵，科研人员几乎跑遍全国，终于在上海的一家小型泵厂寻到合适的高压泵。实在找不到所需材料时，他们就自己设计、加工。

1969 年年初，科研团队成功研制出"不对称醋酸纤维素板式和管式反渗透膜"，制造出日产 1 吨淡水的板式海水淡化样机，并在青岛朝连岛上试运行半年。

最终，通过近 3 年的努力，1969 年 12 月，会战预定目标顺利实现。电渗析技术后来主要应用于纯水制备工艺上，反渗透法则更多地用于海岛上。

1974 年 12 月，全国海水淡化科技工作会议在北京召开，会上制订了《1975 年 — 1985 年全国海水淡化科学技术发展规划》。中国海水淡化的开拓者、天津大学教授王世昌回忆道，当时全国包括北京、上海、天津、杭州、青岛和大连在内的很多地方组织科研力量参加了会议。大会内容主要包括 3 部分：反渗透的研发、热法海水淡化的研发以及电渗析海水淡化的研发。会议为各个城市的主要单位安排了具体任务和指标。这是中国第一次系统地组织海水淡化技术的研究开发工作，标志着海水淡化开始受到国家的重视。

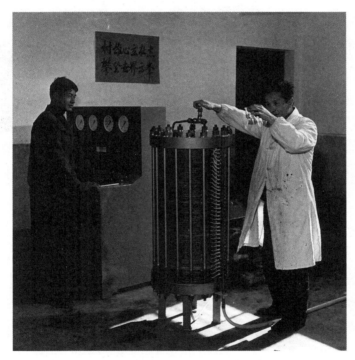

工作人员在杭州研制 3 吨 / 天板式反渗透海水淡化器。

自 20 世纪 80 年代起，中国海水淡化事业步伐加快。1981 年，中国在西沙永兴岛安装了一台日产 200 吨的电渗析海水淡化装置。1984 年，国家批复在天津成立海水淡化与综合利用研究所专门从事海水淡化技术研究，一些大专院校也先后加入海水淡化技术的研究行列。

20 世纪 90 年代，中国水资源短缺形势日益严峻，海水淡化进入加快发展期，应用规模不断提升。

2000 年以后,日产千吨级的反渗透淡化装置已有多个,并成功在海岛上应用。

2004 年,由中国自主研制的日产 3000 吨的低温多效海水淡化装置在青岛黄岛发电厂建成投产。

2005 年,全国《海水利用专项规划》发布。

2007 年 11 月,中国首台 10000 吨 / 天反渗透淡化装置在青岛黄岛发电厂投入运行,其容量大、技术含量高、单机占地面积小,所产淡化水水质符合国家《生活饮用水卫生标准》的指标要求。

2012 年,国务院办公厅发布《关于加快发展海水淡化产业的意见》,国家发展和改革委员会发布《海水淡化产业发展"十二五"规划》,优化了海水利用发展的政策环境。

国内首台 10000 吨 / 天反渗透海水淡化装置在青岛投入运行。

2018 年,自然资源部发布《2017 年全国海水利用报告》。这项报告显示:中国海水淡化工程总体规模稳步增长,最大海水淡化工程规模达到日产 20 万吨,主要采用反渗透和低温多效蒸馏海水淡化技术。截至 2017 年年底,全国海水淡化工程主要分布在水资源严重短缺的 9 个省市的沿海地区和海岛。

报告提出:要以海水淡化民生需求及产业发展为导向,将海水淡化与海岛生态岛礁建设相结合,强化海水淡化水对常规水资源的补充和替代,加快打造一批海岛海水淡化工程。在辽宁、山东、浙江、福建、海南等沿海地区,通过 3~5 年重点推进大约 100 个海岛的海水淡化工程建设和升级改造,有效缓解海岛居民用水问题,改善人居环境。

跨越半个多世纪,中国在海水淡化技术上取得了重大突破,特别是蒸馏法和反渗透法两大主流海水淡化技术已与国际水平接轨。几十年来,中国一代又一代科研工作者积极投身并奋战在海水淡化科研一线,助力中国海水淡化技术水平实现从跟跑到并跑,甚至部分领域领跑的巨大飞跃。

中国海水淡化发展历程时间轴

1958 年,原国家海洋局第二海洋研究所首先开展离子交换膜电渗析海水淡化的研究。

1965 年,山东海洋学院在国内最先进行反渗透 CA 不对称膜的研究。

1967 年,国家科学技术委员会决定在全国开展海水淡化会战,研发小型海水淡化样机。

1969 年,"不对称醋酸纤维素板式和管式反渗透膜"研制成功。

1970 年,海水淡化会战主力会集杭州,组织成立了全国第一个海水淡化研究室。

1974 年,全国海水淡化科技工作会议在北京召开,会上制订了《1975 年—1985 年全国海水淡化科学技术发展规划》。

1981 年,第一个日产 200 吨的电渗析海水淡化站在西沙群岛建成。

1982 年,中国海水淡化与水再利用学会在杭州水处理技术研究开发中心成立。

1984 年,天津海水淡化与综合利用研究所成立,开始蒸馏法海水淡化装置研究。

1985 年 1 月 16 日,我国第一座海水淡化工厂在西沙群岛永兴岛建成投产。

1997 年,我国第一套 500 立方米 / 天反渗透海水淡化装置在浙江舟山嵊山县投产建成,开创了国内海水淡化规模化应用的历史先河。

2000 年,河北沧州建设 18000 立方米 / 天反渗透苦咸水淡化厂。

2003 年,山东荣成建成万吨级反渗透海水淡化示范工程;同年,河北黄烨发电厂引进 20000 立方米 / 天多效蒸馏海水淡化装置。

2004 年,中国首台自主研发的 3000 立方米 / 天低温多效蒸馏海水淡化工程建成。

2005 年,《海水利用专项规划》作为第一个指导性纲领文件正式发布。

2007 年,中国首台 10000 吨 / 天反渗透淡化装置在青岛市黄岛区发电厂投入运行。

2012 年,国务院办公厅发布《关于加快发展海水淡化产业的意见》,国家发展和改革委员会发布《海水淡化产业发展"十二五"规划》,优化了海水利用发展的政策环境。

2016 年 12 月 28 日,国家发展改革委、国家海洋局共同出台《全国海水利用"十三五"规划》,明确提出"以水定产、以水定城"和"推动海水淡化规模化应用"。

淡化海水 —— 落入海岛的"精灵"

三沙市是中国最南端的海岛城市。

曾经,雨水是这里唯一的天然淡水资源。然而,有限的降水根本满足不了岛上居民对淡水的需求,他们只能苦盼一艘艘载着淡水的船舶从大陆驶来。

如今,岛上有了新的淡水来源。人们利用一种具有多孔结构的"反渗透膜"作为核心部件,把海水中的盐类物质同淡水分离。这种方法分离效率高、能量消耗少,成为当今世界各国广泛使用的海水淡化技术。

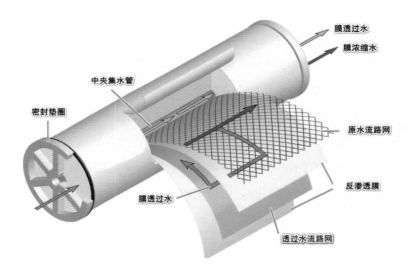

反渗透膜原件

岛水、雨水与船水

在当地,渔民们将井中的地下水称为"岛水"。岛水因微生物超标,无法直接饮用,只能用来洗澡、洗衣服。但是,岛水盐度较高,每次洗完澡,人们都会觉得身上黏糊糊、头发硬邦邦的。

永兴岛海域海水水质

指　标	含　量
悬浮物 /mg/L	4.20
K/mg/L	370.00
Na/mg/L	2 000.00
Mg/mg/L	2 048.40
Ca/mg/L	1 290.20
CO_3^{2-}/mg/L	13.36
HCO_3^-/mg/L	134.13
Cl^-/mg/L	17 846.50
pH	8.30
SO_4^{2-}/mg/L	3 170.40
总碱度 /mg/L	117.49
硼 /mg/L	4.50

　　过去，岛上居民生活用水主要依靠收集雨水，后来又有了定期从海南岛运来的"船水"。然而，这些水的供给都要仰仗天公作美，一旦遇上天旱没有雨水可以收集，或赶上台风天船舶无法送水，岛上居民吃水、用水可就难了。

　　2012 年 7 月 24 日，三沙市成立之时，淡水资源匮乏是摆在面前的主要难题之一。

海南省三沙市成立大会暨揭牌仪式

　　就在三沙市成立后的第 20 天，当时的国家海洋局天津海水淡化与综合利用研究所所长李琳梅率队，走访了海南省海洋与渔业厅，并达成共识 —— 利用海水淡化技术帮助三沙市解决淡水资源匮乏问题。

4年后的国庆节,由天津海水淡化与综合利用研究所主导实施的永兴岛千吨级海水淡化厂正式通水,淡化水顺着全岛敷设的供水管道流入了岛上居民及驻岛军警的办公区和生活区。

永兴岛千吨级海水淡化厂

从早忙到晚的淡化厂

淡化厂位于海岛的东北侧,是一座白色二层小楼。房后修有一个长 37 米、宽 11 米的联排水池,一台抽水泵源源不断地汲取着海水。海水经过沉淀和过滤,去除了肉眼可见的杂质,进入一楼的反渗透装置。

反渗透装置分为两级,在一楼厂房里并排而立,每一级装置的占地面积和一个集装箱的占地面积差不多。

第一级反渗透装置共有 7 根膜壳,每根膜壳里有 6 支膜元件,每支膜元件有半人多高、大腿般粗。海水从膜元件的一侧进入,经过反渗透膜过滤,脱去盐分后进入膜元件的中心管,成为一级海水淡化水。一级海水淡化水再经反渗透膜过滤,成为二级海水淡化水,最终由供水泵送至用户。

目前,永兴岛海水淡化厂共设有 3 台 500 吨 / 天海水淡化设备,采用两开一备的运行方式。针对热带地区海岛的高温、高湿、高盐雾环境,淡化厂在管路设计上还采用了耐腐蚀的钛材料,设置了海水电解次氯酸钠,以避免海水淡化系统里滋生微生物。每天早上 8 点起,淡化厂就开始运行,一直到晚上 10 点,每天处理海水 1000 多吨。

工作人员在安装反渗透膜。工作人员在组装淡化装置部件。

口感与凉白开无异

淡化的水口感如何？

"我们一般通过产水电导率来衡量淡化水的口感。"相关工作人员介绍说。

根据《生活饮用水卫生标准》的规定，溶解性总固体（即水中溶解的盐）的含量要小于1000毫克／升，对应的电导率数值为1800～2000微西门子／厘米，电导率越低，水的口感相对就越好。

听海南当地人说，他们从小都喝山泉水，所以对于水的品质和味道相当敏感，然而面对两杯没有标签的水，即使挑剔的他们也很难分辨出哪杯是淡化水，哪杯是矿泉水。如今，大家喝的都是淡化水。

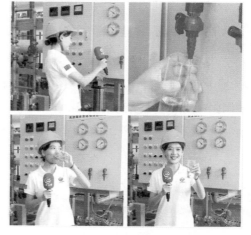

记者体验永兴岛海水淡化厂生产的淡水。

据调查，二级反渗透水口感与凉白开没有区别，一级反渗透水口感略差。

据介绍，一级水可以达到生活饮用水卫生标准，但根据当地政府要求，为了更高标准保证岛上供水水质，目前岛上配送给用户的淡水都是二级反渗透水。

永兴岛海水淡化项目只是众多海岛用水的一个缩影。随着天津、山东、辽宁、江苏等地一个个海岛海水淡化项目的陆续建成，成千上万的岛民也和永兴岛的居民一样，从自家水龙头里接到了一杯杯安全洁净的放心淡水。

海水淡化 —— 为内陆送去甘甜

海水淡化仅限于沿海地区吗?

并不是。在中国,海水淡化技术已经开始应用于内蒙古、甘肃、新疆、青海、宁夏等省区的苦咸水地区,为淡水贵如油的西部"送去"安全可口的甘泉。

2015年10月29日,新疆和田县布扎克乡阿依玛克村迎来了一件大事:由天津海水淡化与综合利用研究所设计的净化水设备通水了。该设备是专门针对当地苦咸水问题研发的,能解决6000多名村民的饮水问题。

然而,在此之前,生活在这里的部分村民饮用的是地下的苦咸水。苦咸水硬度高、碱度高、含氟高、含盐量超标,有的村民因为水质问题而致病、致穷。

时间回到2015年4月,天津海水淡化与综合利用研究所派出考察组到和田县进行实地考察。17天后,水质检测结果显示:水样总硬度、溶解性固体含量、硫酸盐含量均超出中国《生活饮用水卫生标准》所规定数值的2倍之多,长期饮用会对人体造成不良影响。

天津海水淡化与综合利用研究所当即决定把阿依玛克村供水站作为解决当地群众饮水问题的试点之一。

一个专门针对和田地下苦咸水处理的项目组成立了。经过技术攻关,项目组最终确定采用"多介质过滤+纳滤"的地下水处理工艺,以最大程度保证在产水水质达标的同时减少设备运行成本。

经过4个月的努力,一套日产能200吨饮用水的苦咸水淡化设备终于研制完毕。随后,经过一番紧张的运送、安装、调试,设备于10月29日正式运行通水。

"这水真好喝。""比超市里的矿泉水还甜呢!"乡亲们一个个赞不绝口。他们从未想过,海水淡化技术竟能跟处理地下苦咸水的民生联系在一起。

随着海水淡化工作者足迹的延伸和项目试点范围的扩大,越来越多的人品尝到了海水淡化技术带来的甘甜与希望。

为世界贡献中国水方案

随着海水淡化技术走进海岛、进驻内陆，中国的海水淡化技术还被带到海外，惠及世界不同国家和地区。

自 2013 年秋，中国国家主席习近平先后提出建设"丝绸之路经济带"和"21 世纪海上丝绸之路"重大倡议以来，"一带一路"从探索到实践，从理念转化为行动，在为沿线各国提供服务便利的同时，也为中国的海水淡化技术开辟了更为广阔的用武之地。

从亚太脱盐协会秘书处和环印联盟海水淡化技术协调中心先后落户天津海水淡化与综合利用研究所，到中国与印尼合作项目"适用于热带海岛海水淡化技术与示范"获批立项，从 2015 年亚太脱盐技术国际论坛到 2016 年亚太和环印度洋地区海水淡化国际论坛，再到环印联盟成员国海水淡化技术合作国际专家研讨会暨展会的举办，中国海水淡化技术装备吹响了转移输出的号角，开始融入国际海水利用的广阔市场。

中国自主研发的海水淡化装置

淡化技术解吉布提燃眉之急

2017年12月10日,"阿萨尔盐湖溴化钠项目"开工仪式在吉布提塔朱拉州阿萨尔盐湖举行。该项目是吉布提最大的工业项目,将在很大程度上改变该国产业结构。

当时,根据规划,项目一期预计于2018年年底建成投产。由于工期紧张,开工准备迫在眉睫。然而,一个严峻的现实问题困扰着施工方:吉布提淡水资源匮乏,工程用水成本非常高,当地水价约为每吨19美元,且供水不稳定。如果不能解决工程及人员用水问题,该项目将无法按时启动实施。

为解燃眉之急,天津海水淡化与综合利用研究所研制并紧急提供了集装箱式反渗透海水淡化装置。这样既破解了难题,又在很大程度上降低了工程成本。

除了在吉布提,2017年,天津海水淡化与综合利用研究所还为"文莱淡布隆高架桥CC4标段项目"配套了反渗透海水淡化设备,为"佛得角综合娱乐城项目"配套了海水淡化工程,为项目建设提供了有效的供水保障,用过硬的技术支撑我们的大型企业走向海外。此前,天津海水淡化与综合利用研究所先后向印度尼西亚出口了6套总规模为日产2.1万吨的低温多效海水淡化设备,开创了大型国产海水淡化装置出口的先河。

驰援马累化解国家危机

2014年12月4日,马尔代夫首都马累市水务公司海水淡化厂失火,导致马累15万人缺乏饮用水。这个只有40万人口的国家宣布进入紧急状态。

危急时刻,中国政府伸出援助之手,立即向马累空运饮用水,并派出技术团队驰援,为马累海水淡化厂加快恢复供水提供了重要技术援助,得到马尔代夫政府的高度赞赏。

"我国海水淡化技术经过多年发展,已初步具备系统集成和工程成套能力,在国内建成拥有自主技术的日产万吨级以上示范工程,技术指标与国际相当。"时任天津海水淡化与综合利用研究所所长李琳梅介绍。

"授人以鱼不如授人以渔"

在装备技术输出的同时,中国还积极将海水淡化与综合利用的技术与管理经验向"一带一路"沿线国家推广,为其解决水资源短缺问题提供了高质、高效的中国方案。

在佛得角，天津海水淡化与综合利用研究所参与了商务部"中国援佛得角圣文森特岛海洋经济特区项目"，负责该岛海水淡化供水及管理规划的编制。

受商务部委托，自2010年起，天津海水淡化与综合利用研究所与天津泰达集团有限公司合作，面向非洲发展中国家，连续承办"非洲国家海水淡化与综合利用管理研修班""非洲英语国家海水淡化与综合利用研修班"和"非洲法语国家海水淡化与综合利用研修班"，通过培训向非洲国家集中展示了中国为解决淡水短缺、促进经济可持续发展做出的努力和取得的成绩。这种形式的技术交流与合作对增进中非人民友谊、推进"一带一路"倡议的落地发挥了积极作用。

2015年，天津海水淡化与综合利用研究所承办环印联盟成员国海水淡化技术合作国际专家研讨会暨展会，来自孟加拉国、塞舌尔、伊朗、肯尼亚、毛里求斯、莫桑比克、南非、斯里兰卡、坦桑尼亚、泰国等10个环印联盟成员国的政府官员、学者和企业代表参加了会议。

2016年，淡化所承办"2016年海上丝绸之路国家海水利用技术培训班"，索马里等非洲国家派代表参加了培训。

环印联盟区域科技转移中心海水淡化技术协调中心挂牌。

随着"一带一路"建设的不断推进，中国海水淡化技术施展的舞台也越来越大，中国"水方案"正在走出国门，走向世界。

海水淡化能走多远

虽然海水淡化在节约陆地淡水资源、维持经济可持续发展方面发挥了重要作用，但是人们对淡化技术仍然很纠结，不仅纠结能不能喝和贵不贵的问题，还纠结浓盐水排放会不会产生环境污染的问题。

浓盐水排放的环境关切

利用淡化技术从海水中提取淡水后，留下的浓盐水所含的各类化学物质浓度都高于普通海水。将浓盐水排回海中，会不会改变相关区域的海洋、土壤、河流环境，影响水生生物尤其是不能移动的底栖生物的生理机能？这是很多人关切的问题。

除海水中的固有成分外，浓盐水中还含有淡化过程中添加的某些化学物质。例如：淡化过程中需要进行杀菌、脱碳、加缓蚀剂、加阻垢剂等工艺，这些添加的化学药剂对海洋环境又会有怎样的影响？人们对此更加关注。

客观认识浓盐水

世界许多国家在浓盐水处理方面进行了影响研究、检测验证，并采取工程措施减小其影响。例如：美国、澳大利亚等国采取了在放流管排放口处安装扩散装置的办法，以加快浓盐水的稀释与扩散。美国还提出通过技术手段，监测、评估海水淡化的生态影响，指导未来可持续发展。事实上，全球海水淡化每天产生淡化水几千万吨，副产的浓盐水比这还要多，99%以上的浓盐水回到了海洋，这么长的应用时间、这么大的排量，目前还没有发现不可接受的环境影响。

浓盐水并非"一无是处"

尽管浓盐水具有"潜在威胁",但也并非"一无是处",对浓盐水中各类元素的提取,其实可以创造新的经济效益。

海水淡化的过程可使普通海水的盐度大幅提高,从而使其成为盐化工企业的理想原料,除食用盐之外,还能从中提炼溴、钾等化工原料。

此外,高浓度盐水经处理后排入盐滩内,不仅可以缩短盐田蒸发时间,还能提高原盐产量。随着原盐产量的提升,盐田中的老卤水排放量也相应增加,这对区域内盐化公司的溴产品生产同样具有重要意义。

可见,海水淡化及由此产生的浓盐水利用,在未来还会创造出更广阔的发展空间,而巧妙设计海水淡化与浓盐水综合利用的产业链条,实现产业发展和环境保护之间的平衡,还需要人们在现有成效的基础上做出更多的探索和努力。

水资源不仅改写过我们的文明和历史,也将深刻地影响我们的当前与未来。妥善利用海水淡化已成为沿海各国未来发展的重要战略性议题。

海水淡化在中国——"海水淡化水应成为沿海缺水城市的第二水源"

太阳能光热海水淡化技术设备

发展海水淡化是全国人大代表、政协委员长期关注的热点之一。为加强国家的用水安全，他们不断通过提交议案和提案等方式贡献自己的真知灼见。在全国政协十三届二次会议上，全国政协委员、自然资源部天津海水淡化与综合利用研究所原所长李琳梅再次将提案聚焦水资源安全领域。

2018年，她多次到海岛地区、内陆和沿海缺水城市调研，发现海水淡化技术已经在小型海岛上得到有效应用，但在大型缺水城市的应用却很不理想。

"淡化水作为水资源的重要保障，具有很大的市场，应进一步加大成果转化力度。""海水淡化水应成为沿海缺水城市的第二水源。"李琳梅如是说。

李琳梅提出，随着经济的发展、人口的增加及人们生活水平的提高，水资源的缺口会越来越大。海水淡化是现有水源供给体系的重要补充，在沿海大力发展海水淡化产业，是解决当地水短缺问题的重要途径。

她建议：在沿海缺水城市建设保障性海水淡化供水厂，将海水淡化水作为第二水源，补充生产、生活用水；提高海水淡化水的配置比例，制定海水淡化配套政策，对海水淡化工程给予电价优惠政策；支持沿海城市海水淡化试点示范，促进城市供水定价机制改革。

海水淡化在美国——"3目标8优先"加强水安全

为缓解加州水资源短缺而设计的大型海水淡化漂浮建筑效果图

推进海水淡化是一项全球性议题，发达国家美国也一直参与其中，并将其作为一项战略性、长期性的重大事务。

2018 年 10 月 25 日，美国能源部部长宣布实施"水安全大挑战"，以推动技术转型和创新，满足全球对安全、可靠和可负担得起的水的需求。"大挑战"的目标之一是推出海水淡化技术，提供具有成本竞争力的清洁水。

2019 年 3 月，美国白宫科技政策办公室发布《以加强水安全为目标的海水淡化统筹战略规划》报告，确定了支持美国海水淡化工作的 3 个首要目标和 8 个优先研究事项。

报告指出：减少风险并精简地方规划，通过评估未来水资源的需求、开发海水淡化工具并制定最佳方案两个优先研究事项来支持海水淡化；减少技术和经济障碍，将鼓励海水淡化的早期技术、开发小型模块化海水淡化系统、推进减少生态影响的海水淡化技术作为优先项，使海水淡化技术得以应用；加强国际合作，通过促进联邦机构的协调、优化公私伙伴关系、与国际合作伙伴合作，发展海水淡化技术。

海水淡化在以色列——每一滴水都有规划和管理

以色列阿什克隆海水淡化厂

曾有"沙漠之国"之称的以色列，也是对水资源利用非常高效的国家。从该国的法律到流传的儿歌，处处透露着以色列人对水的热爱和敬畏。自 1948 年建国至今，短短 70 多年间，以色列的水资源状况由过去的极度匮乏到如今的丰富充足，其治水之道在于对每一滴水都进行规划和管理。目前，以色列正在大力推行"大规模海水淡化计划"，以期缓解淡水的供需矛盾，实现以色列的"水独立"。依据该计划，预计到 2025 年，以色列的海水淡化水将占其淡水需求量的 28.5%、生活用水的 70%；而到 2050 年，海水淡化水将占全以色列淡水需求量的 41%、生活用水的 100%。

第三章 掘金深海"聚宝盆"

2019年4月，中国首座自主设计建造的第六代深水半潜式钻井平台"海洋石油981"成功完钻一口深水开发井。这是"海洋石油981"平台自2012年投产以来完钻的第一口深水开发井。在此之前，中国的深水开发井都由国外深水钻井平台完成。

据了解，这口井位于南海东部海域，结束钻进时钻井深度达4660米。该井投产后，所生产的天然气将被输送到珠海高栏终端，供应粤港澳大湾区。

业内把500～1500米水深称为"深水"，"海洋石油981"承钻的这口井水深680米。除了水很深，该井井斜大、水平位移距离远，对井眼轨迹的精度要求非常高，这给平台人员的操作技能和设备性能带来了很大挑战。

"海洋石油 981"

初识"海洋石油981"

"海洋石油 981"模型

生　日	2012年

身　高	137米

体　重	3万多吨

特　点　最大钻井深度为10000多米，最大作业水深为3000米，配备了国际最先进的第三代动力定位系统，主要用于南海深水油田的勘探钻井、生产钻井、完井和修井作业，并可在东南亚、西非海域进行钻井作业。

经验值　"海洋石油981"2021年建成后在南海东部完钻首口深水探井，2015年进入东南亚海域完钻一口水深1721米的探井。截至2019年4月，"海洋石油981"共完钻32口探井，但在深水开发井方面此前未有实践。

"海洋石油981"平台其实是一艘钻井船，或者说是一个能在海中移动的钻井平台。从远处望去，它就像一座橙红色的钢铁高楼。从空中俯瞰，这座屹立海中的"高楼"由上下两部分组

3000 米深水半潜式钻井平台"海洋石油 981"

成。"高楼"下方是 4 根粗壮的红色"桥墩"，深入水下 19 米，"踩"着两个自带螺旋桨推进器和动力定位系统的浮箱，半潜于海上。这些推进器不停地从平台的前后左右提供动力，保证其稳稳扎进作业海域而不会"随波逐流"。

举个例子，假如风从北边吹来，系统会自动计算风力大小和作用力影响，随后给推进器发出向北"用力"的指令，以抵消风力对平台的影响。

橙红色"高楼"的上方是井架，形似火箭发射架，有五六层楼高，井架中竖立着平台的核心生产部位——钻机。平台从船底到井架顶部高 137 米，相当于45 层楼的高度。甲板长 114 米、宽 89 米，比一个标准足球场还

"海洋石油 981"深水半潜式钻井平台开展海上试验。

大。因此，即使是在茫茫大海上，"海洋石油 981"也是名副其实的庞然大物。

中央控制室是"海洋石油 981"的中心，相当于船舶的驾驶台。乍一看，中央控制室就像一个电脑机房：四周环绕着大大小小的观察窗和监视屏，中间位置的操作台上则

集中了多种自动化系统设备,平台上任何部位出现问题,都可以在这里远程解决。当台风来袭,平台还会切换为船舶模式,依靠水下的 8 个螺旋桨以 3~4 节速度航行,从而有效避开台风。

离开中央控制室,沿楼梯下行便来到工人住舱,舱内人均面积约有 9 平方米,室内还有独立卫浴,覆盖有无线网络。再往下两层,餐厅、洗衣房、图书室、健身房等生活设施一应俱全。此外,平台里还有专职医生和保洁人员,非常人性化。

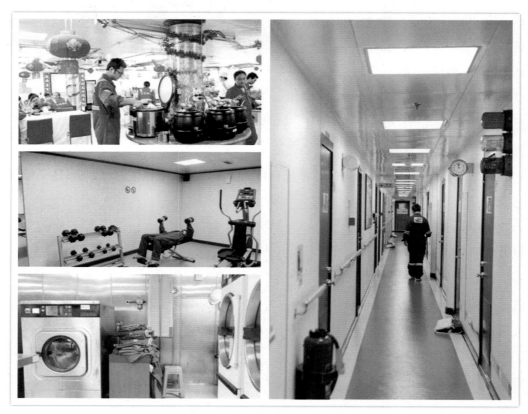

"海洋石油 981" 的生活设施

四春秋终造海上石油重器

"海洋石油 981" 平台于 2008 年开工建造,2012 年建造完成并投入使用,总造价将近 60 亿元人民币。其设计和建造均在国内完成,可以在中国南海、东南亚、西非等地的多个深水海域作业,设计使用寿命达 30 年。

2006 年,为了打破国外对深海平台的技术垄断,扭转在南海资源勘探开发的被动局面,中国决定开始自主建造这座深海钻井平台。

然而,单靠一个公司的力量来完成这项浩大的工程非常困难。

于是,由中国海洋石油总公司牵头,上海交通大学海洋工程国家重点实验室、中国船舶工业集团公司第708研究所等多家单位相继投身到"海洋石油981"的各项技术攻关中,共同制定了作业水深3000米、钻井深度1万米、甲板可变载荷9000吨、抗200年一遇风浪的深水半潜式钻井平台的设计方案。

图纸勾画之后,2008年,"海洋石油981"进入开工建造阶段,上海外高桥造船有限公司承担了此次建造任务。除此之外,国内先后共有上百家企业参与了"海洋石油981"的建设,使其国产化率接近40%。此外,建造者还首次在船上大量采用高强度钢。这种材料一般只用于航空航天、武器制造工业,具有非常高的抗拉强度和韧性。

作业深度实现历史性跨越

2010年2月26日,"海洋石油981"在上海外高桥造船有限公司出坞。5月26日,平台驶离上海外高桥码头,由广州打捞局大型拖轮"德跃号"拖往海试区域。"德跃号"拖轮是当时中国华南地区最大的远洋救助拖轮,曾多次参与海上救援。

在为期两个月的海试中,承建方给"海洋石油981"安装了水下推进器,并进行了126个系统的联合调试。其间,"海洋石油981"经受住了当年全球最强热带风暴"梅花"的袭击。要知道,接近巅峰时的"梅花"中心最大风力达到16级,但"海洋石油981"直面冲击,没有出现任何系统故障。

海试结束后,承建方将该平台移交给作业方中国海洋石油总公司。2010年10—12月,该平台又在舟山海区东福山东北海域半径为1000米的水域范围内持续进行了长达3个月的全套钻井系统联调工作,陪伴"海洋石油981"海试的还有"东方勇士号"和"德跃号",并有警戒船舶实施警戒。

此次调试让中国海洋石油的勘探开发能力实现了从水深300米到3000米的历史性跨越,南海油田的勘探开采区域也由沿岸浅海区进入深海区。

"这是绝对的超深水,也意味着'海洋石油981'可以达到世界任何一个现有深水作业区的深度。"工程项目组总经理林瑶生当时公开对媒体说。

中国海洋石油开发"成长史"

位于中国南海北部的莺歌海盆地是中国海洋石油工业的发端地。60多年前，中国石油人正是从这里起步，走向大海。

1957年，在海军和渔民的协助下，石油工作者首次在莺歌海发现油气苗。

1959年，中国第一支海上地震队在渤海开展并完成了该海域及其邻近陆地的航空磁测，初步揭示渤海是华北坳陷区的组成部分。

1960年，勘探人员用较原始的"墩钻"方式在莺歌海盐场水道口以南1.5千米处钻了第一口井——英冲1井。这成为中国海上第一口发现井。同年，中国海洋石油"第一桶金"——150千克原油在英冲2井被捞出。

1961年和1964年，勘探人员对黄海海域进行地震初查，并着手对其储油前景开展摸底工作。

1967年6月，中国在渤海成功钻探出第一口海上具有工业油流的油井，试获日产原油35.2吨，标志着中国海洋石油进入工业发展的新阶段。

1971年，中国在渤海发现"海四油田"，并先后在这里建立了两座平台，年高峰产油量达8.69万吨，累计采油60.3万吨。"海四油田"成为中国第一个海上油田。

2006年，中国第一个真正意义上的深水气田——"荔湾3-1"气田被发现。

中国第一个大型深水气田"荔湾3-1"气田的中心平台

海洋油气的对外合作之路

1978 年，中国改革开放的大幕揭起，海洋石油开发也随即走上开放合作之路。仅 1979 年当年，中国就与 13 个国家签订了 8 个地球物理勘探协议。自此，中国海洋石油勘探工作全面铺开。

然而，也是在 1979 年，一场悲剧的发生更加坚定了中国海洋石油坚持开放合作的决心。

1979 年 11 月 25 日，石油部海洋石油勘探局的"渤海 2 号"钻井船在渤海湾迁往新井位的拖航中翻沉。船上当时共有 74 人，其中 72 人遇难。事故造成直接经济损失 3700 多万元。

正值中国海洋石油对外合作最重要的关头，这一重大事故给中国海洋石油的发展带来了非常严重的冲击。

"渤海 2 号"钻井船

海洋石油队伍初建，技术水平低、经验少、管理不严等因素使中国的海洋石油发展走了原本可以避免的弯路。

1982 年 1 月 30 日，国务院发布《中华人民共和国对外合作开采海洋石油资源条例》。同年 2 月 15 日，中国海洋石油总公司成立，负责对外合作业务，享有在合作海区内进行勘探、开发、生产和销售的专营权。

作为中国从事海洋油气资源开发的国家石油公

中国海洋石油总公司

司，30 多年来，中国海洋石油总公司通过对外合作和自主创新，基本建立起了比较完整的海洋石油工业体系。

1985 年，中国第一个对外合作油田 —— 渤海埕北油田建成投产。埕北油田位于渤海西南部，由中、日两国合作开发，合作年限为 15 年，开发面积为 11.5 平方千米，高峰产量达 42 万立方米。

多年的对外合作，充分激发了中国海洋石油工业的生机与活力。中国海洋石油对外合作领域不断拓宽，并逐渐延展至海洋石油产业链的各个环节，有力推动了海洋石油事业的蓬勃发展。

1996 年起，中国海洋石油开发进入自主研究和探索阶段，通过由浅入深的系统研究，证实了南海深水区有巨大的油气资源潜力，为中国由浅海步入深水油气开发奠定了坚实的基础。

向深远海"进军"

2006 年以来，中国开启了深水油气的实质性勘探。

深水油气勘探代表了全球石油行业发展的大势。一般来讲，水深超过 500 米即为深水，大于 1500 米为超深水。近年来，全球获得的重大勘探发现有近 50% 来自深水。

数据显示，全球 44% 的海洋石油资源分布在深水区。自 2013 年以来，全球共发现 91 个储存量大于 2 亿桶油当量的可采油气田，其中有 52 个发现于深水或超深水勘探区。据专家测算，世界四大海洋油气聚集中心之一的中国南海蕴藏于深海区域的油气资源更是高达 70%。

然而，深海勘探难度非常大，尤其是对于南海西部的深水海域来说。这片海域地处欧亚、太平洋和印澳三大板块的交会处，地质条件非常复杂，使得油气勘探开发的技术难度和投入随着海水深度的增加呈几何倍数增长，加之高科技深海装备的缺乏，中国海洋开发由近海向深远海的拓展受到了很大限制。

近年来，为有效发掘南海的深水"宝藏"，中国海洋石油总公司大力推动深水油气发展战略，从多方面进行筹备。例如：在大型作业装备方面，除"海洋石油 981"外，公司还开发了成功进入"千米水深钻探俱乐部"、最大作业水深达 1500 米的"南海九号"深水半潜式钻井平台等平台；在物探方面，继"海洋石油 720"深水物探船之后，"海洋石油 721"已经交付。另外，深水铺管船"海洋石油 201"、深水工程船"海洋石油 708"等也可满足多种深水作业需求。

"海洋石油 720"深水物探船是中国首艘自主建造的亚洲最先进、作业能力最强的大型深水物探船。它具备 3000PSI(一种计量单位)震源工作压力,也是中国首艘在南海深水区实现 2500PSI 高压震源地震采集作业的物探船。2017 年 7 月,该船与"海洋石油 721"共同完成西非赤道海域首次三维地震勘探作业,填补了中国在零纬度海域实施三维地震勘探作业的空白,标志着中国具备了在极寒、极热条件下实施三维地震勘探作业的能力。

"海洋石油 720"深水物探船

在这一系列深水装备和理论创新的支撑下,中国深水油气钻探屡获佳绩:2014 年 8 月,中国首次布局深水,钻获首个自营深水高产大气田"陵水 17-2",探明地质储量超 1000 亿立方米;2015 年 8 月,中国首口深水高温高压探井"陵水 25-1S-1"井顺利完钻,证明了中国具备在高温、高压、深水等多重因素叠加的特殊领域进行勘探的能力;2015 年 12 月,中国第一口超深水井"陵水 18-1-1"井成功实施钻井测试作业,标志着中国首个超深水气田"陵水 18-1"气田的"横空出世"。

"南海九号"深水半潜式钻井平台

2014 年 8 月 18 日,"海洋石油 981"对"陵水 17-2-1"井进行测试并获得优质高产油气流。此次测试成功创下了 3 项第一:中国海油深水自营勘探获得了第一个高产大

气田 —— 陵水 17-2；"海洋石油 981"第一次进行深水测试获圆满成功；中国自主研发的深水模块化测试装置第一次成功运用。

"陵水 17-2" 气田作业现场

2017 年，中国海洋石油总公司深水钻井平台在陵水海域开展"陵水 25-4-1"井钻井作业。这是当时中国在深水钻探领域面临的难度最大的一口高温高压井，对它的钻探有望盘活超千亿立方米的天然气储量，对加快南海大气区建设、保障中国能源安全具有重要意义。

如今，中国已经建设了由"陵水 17-2""流花 34-2"等气田组成的南海首个深水气田群。固态流化方法试采成功推动了中国海洋天然气水合物研究的进一步发展。

作为中国开发海洋能源的主力军，中国海洋石油总公司已连续 3 年油气年产量保持在 1 亿吨油当量水平。中国已经成为世界海洋石油生产大国之一，在海洋石油勘探开发、海洋石油工程技术、大型装备建造等领域迈入世界先进行列。

在海洋油气资源开发中，蓝色生态的保护也是一部"重头戏"。为此，中国海洋石油总公司采取了生产污水回注地层、生活垃圾及工业垃圾运回陆地集中处理等多种方式，竭尽全力保护海洋环境。

从最初的牙牙学语到步履蹒跚，再到如今的快跑赶超，中国的海洋石油开发之路蜿蜒曲折却闪闪发光。

2019 年，蓝色油气界又传来一个好消息，一个千亿方的大气田在渤海"横空出世"……

渤海千亿立方米大气田发现记

2019年2月,中国海洋石油总公司发布消息,位于中国渤海海域渤中凹陷的"渤中19-6"气田,确定天然气探明地质储量超过1000亿立方米,凝析油探明地质储量超亿立方米。"渤中19-6"气田成为中国东部最大凝析气田,也是中国渤海湾盆地50年来最大的油气发现。

"碎盘子"上发现大气田

1000亿立方米天然气是什么概念?

它可以供一个百万人口城市的居民使用上百年。这些天然气如果全部被拿到地上,相当于1.5万个国家体育场(鸟巢)的体积。

凝析气田又被称为油气中的"变形金刚"。它在地下呈气态,到了地上则一部分化为液态凝析油,一部分变为天然气。

渤海油田地处京津冀腹地,是中国最重要的石油产区之一。渤海湾盆地被业界普遍认为是一个典型的油型盆地,尽管原油产量丰富,但天然气之于渤海湾就如同"大油坊"上飘浮的几缕轻烟,加上渤海油田有着"摔碎的盘子,又被踩了几脚"之称的复杂地质结构,让原本就容易逸散的天然气无迹可寻,规模型天然气藏勘探更是难上加难。无数事实也反复证明:在渤海湾找到大气田的概率非常低。多年来,渤海湾盆地勘探即使偶有天然气发现,也均为中小型气田。

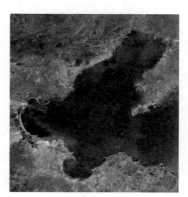

渤海湾

但是,中国在渤海寻找更大规模气田的努力从未停止。

2016年年底,"渤中19-6-1"井开钻,测井解释气层达324.1米,一举打破渤海油田单井油气层厚度纪录。

2017年12月,中国海洋石油总公司正式宣布"渤中19-6"气田的发现,并表示"渤中 19-6"将成为渤海湾盆地有史以来发现的最大天然气田。

2018年,中国海洋石油总公司获得持续突破,在"渤中19-6"构造中钻获高产天然气流。一个高丰度、高产能、高品质大气田的发现逐步成为现实。

目前,"渤中19-6"项目已得到认证,被发改委列为天然气保供项目之一。这一发现或许只是渤海湾地区能源富藏的冰山一角,但其天然气储藏的巨大勘探前景已然缓缓揭开。

"渤中 19-6" 凝析气田

油田里找气田

海底蕴藏着大量的油气资源。然而,在渤海海底这个地质迷宫里,在高温、高压的条件下,直接寻找天然气储层非常困难,更别说在一个油田里找气田了。

50多年来,渤海湾盆地及其周边均未斩获大型气田。

那么,天然气究竟会在哪里富集?渤海石油研究院的勘探人员从盆地结构分析入手,将目标锁定在渤海海域埋深最大的地方 —— 渤中凹陷,即整个渤海湾盆地的沉积与沉降中心。这里岩石圈比较薄,地下热传导效率高,烃源岩热演化程度高,有利于规模性天然气的生成。

根据之前的经验,渤海海域已经探明并投产的小型气田均分布于渤中凹陷区周缘凸起的"高潜山",如果继续在此处下功夫,找到规模性气田的可能性不大。于是,勘探人员将埋藏深度达4000余米的"低潜山"作为主攻方向。

在攻关过程中,勘探人员综合地震、测井、岩芯等资料,重新厘定深部地层,将"渤中19-6"低潜山圈闭群精准地识别出来。

经过多轮汇报论证,加之相关单位的有力配合,2016年12月,"渤中19-6-1"井开钻。

此次钻井主要对潜山"头皮"即顶部风化壳进行探索,最终获得厚度达374.1米的油气层,打破了当时渤海海域单井油气层厚度纪录。

随着1井的旗开得胜,2井、3井、4井……一路高歌猛进,"渤中19-6"气田累计收获气层近千米。

就在这时,一个基于"构造-岩性-流体"研究的大胆构想产生,日后被称为"立体网状"规模性储集体形成机理。该构想提出,储层不止在"头皮",也发育在"内幕",并综合形成"立体网状"模式,从而突破了对传统储层厚度的认识。

"渤中19-6"气田试验区夜景

在该构想的指导下,关乎"渤中19-6"命运的7井在钻进中4次加深,最终探明了"渤中19-6"气田千亿立方米的储量规模。

12次更换含气面积图

几乎每一次勘探大突破都是对传统认知、技术以及管理局限的突破。

"渤海湾盆地烃源岩大规模生油之后还能大面积生气"的创新认知及"立体网状"储集体的大胆构想,为大气田的发现奠定了基础;海上深层潜山油气勘探的钻井

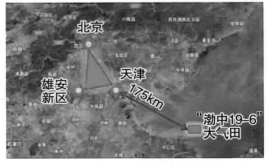

"渤中19-6"大气田

工程和地球物理关键技术，使得渤海湾海上钻井最深纪录不断被打破；超压动力封闭的晚期构造强活动区天然气富集成藏模式成为团队首创。

渤海石油研究院地质总师牛成民指着墙上的含气面积图说："这张图前前后后已经更换了 12 次。"2017 年初，图上只有 1 井有象征探明含气面积的零星红色，其他则是代表未知的大片空白；如今大片空白已被红色取代，"渤中 19–6"气田测试产量越来越高，而且远未探底。

截至 2019 年 3 月，"渤中 19–6"气田的第 12 口评价井已钻到 4700 多米。据中国海洋石油总公司"渤中 19–6"探井项目经理刘宝生介绍，此前完成的 11 口探井均发现有油气，气层厚度均超过百米。

据了解，"渤中 19–6"气田位于黄河口附近，距离天津约 175 千米，目前试验区已经开工建设，试验区天然气将首先供应天津地区，进入天津现有管线。

渤中海域靠近京津冀地区，可利用现有天然气管道无障碍传输，为京津冀地区提供丰富的优质清洁能源。

"渤中 19–6"气田是渤海湾盆地有史以来最大的天然气田，它的成功发现打开了富油型盆地天然气勘探的新局面，落实了中国新的油气富集区带。

海洋油气界传来的一个又一个喜讯离不开背后科研人员的潜心钻研与反复试验。

"渤中 19–6"气田生产现场

一道道难题的破解，一项项技术的攻克，是中国拿下一座座油气勘探高峰最强劲的动力和支撑。

南海油气 一块难啃的"甜点"

如同藏宝图中那个插着红旗的宝藏地，广袤的南海吸引了世界上许多"探宝者"的目光，然而复杂的地质环境和落后的技术设备使其只能望洋兴叹。

俯瞰南海一角。

20世纪90年代，正值中国与国外油气公司合作勘探的阶段。许多国外专家认为，南海存在储层发育不够、高温高压等难题，于是放弃了在该区域的勘探权益。

这里真的没有勘探潜力吗？国内研究者们偏不迷信。他们坚信，只要能够想办法突破高温高压钻完井关键技术，距离成功开发南海深层油气资源就不远了。

2018年3月3日，位于中国南海西部莺琼盆地的一口超高温高压井开钻，成为验证南海高温高压钻完井技术的"试验田"。

2018年，"南海高温高压钻完井关键技术及工业化应用"荣获2017年度国家科学技术进步奖一等奖。

南海被喻为油气资源储藏的一块"甜点"。勘探数据显示，中国南海油气资源量高达 350 亿吨。

与此同时，这里又是一块"硬骨头"，因为在这 350 亿吨的油气资源中，有大量天然气蕴藏在高温高压区域，约占南海总资源量的 1/3。

高温高压一直是油气勘探业的"劲敌"，业界称其为"猛于虎"。全球最早发现的高温高压气田 —— 位于北海挪威海域的古德龙气田，就是由于钻井难度太大，直到发现近 40 年后才正式投产。1981 年，全球两大巨头美国德士古公司和英国石油公司在英国北海发现高温高压油田，也由于技术所限，直到 16 年后才有了第一口井。

相比较而言，南海的温度和压力更高。

中国南海地处亚欧、太平洋和印度洋三大板块交会处，与美国墨西哥湾、英国北海并称为全球三大高温高压海区。调查显示，该海域地层最高温度达 249℃，压力系数为 2.38，相当于 1 平方米的面积承受 1.25 万吨的重量。而且，中国南海台风频繁，地层中二氧化碳的含量也很高。可以说，这里是名副其实的"大炼炉"。

与常规技术相比，开发海上高温高压油气田对于技术条件的要求更为严苛。此次在南海完成测试作业的高温高压探井，温度接近 200℃，井底压力接近 1000 个大气压，相当于 1 万米水深的压力，是业界公认的油气勘探开发禁区。面对这么大的勘探开采难度，我们如果不能开发出相应的技术，就意味着中国南海将有 1/3 的油气资源难以利用。

位于中国南海的三沙市永兴岛

南海油气开发四大难题

20 世纪 80 年代,为了开发南海高温高压油气资源,中国曾先后引进多家跨国石油公司,10 年间在南海钻探了 15 口井,但都因为技术难度太大而以失败告终。

究其原因,主要在于南海高温高压区域油气勘探面临四大难题:

一是如何精准预测异常压力。高压的成因很复杂,钻井前的压力预测误差大,井身结构设计无法"量体裁衣",加上作业时地层压力难控制,非常容易造成溢流、井漏甚至井喷,井眼的报废率高达 30%。

二是如何保障井筒安全。受到地层二氧化碳含量高的腐蚀影响,井筒泄漏风险较高,一不小心就可能给钻井平台造成毁灭性灾难,而这一问题在全世界范围内尚未得到有效解决。

三是如何确保测试成功。由于海上平台空间狭小,加上受到台风、震动等影响,测试作业风险高,成功率低。据统计,在对海上高温高压井的测试中,作业成功率仅有 56%。

四是如何实现优质高效。海况恶劣、地层复杂,高温高压钻井作业周期长、成本高,"即使打得了,也打不起"。

所以,南海油气"甜点"就摆在那里,就看你有没有本事来拿了。

20年终破关键技术

为了啃下这块"硬骨头",为这 1/3 的油气资源创造用武之地,科技部先后把"攻克非常规天然气高效增产""研制深水油田工程支持船"等项目列入国家科技重大专项。

依托国家科技重大专项,联合国内多家石油院校、企业,经过 20 多年的反复研究和实践,2010 年,中国终于突破高温高压钻完井关键技术:在地质认识方面,创新了高温高压天然气成藏理论,确定位于中国南海的莺琼盆地蕴藏着丰富的天然气;在钻完井技术方面,形成了多源多机制压力精确预测、多级井筒安全保障、多因素多节点测试、优质高效作业等四大创新技术,破解了"噩梦"般的四大难题。经实践检验,四大技术的 11 项关键技术里有 8 项为世界领先或处于前列。

凭借这套技术,中国先后发现了 5 个高温高压气田,打开了一扇通往南海油气宝藏的大门。中国也由此成为继美国之后全球第二个具备独立开发海上高温高压油气能力的国家。

南海深水多功能工程船"海洋石油 289"正在作业。

　　凭借这套技术，中国还向世界其他国家提供了一份完整的高温高压区天然气开发的"中国方案"，加快了中国海洋石油工业从浅海走向深水的步伐。据了解，该技术先后在国外高温高压区块的 48 口井中得到成功应用。广泛的应用还带来了巨额利润。据了解，该技术在国内外的全面应用实现直接经济效益 216 亿元、间接经济效益 3565 亿元。

第四章　蔚蓝海上的璀璨明珠

　　在蔚蓝的大海上，港口就像一颗颗璀璨的明珠，在海陆间架起运输和沟通的桥梁。海洋和陆地在这里交会，世界不同地区的物资在这里流转，繁华忙碌，昼夜不舍。

　　我们常把母亲的怀抱比作温暖的港湾，那么，之于每一艘航船，海港就像妈妈一样，返航时将其拥入胸怀，起航时送其远行。一艘艘航船从这里出发，沿着海上航线抵达世界不同地区，促进各地贸易的繁荣；一座座港城在这里兴起，依托得天独厚的海港优势，成为经济、文化的中心和主角。

海港 —— 运输枢纽

　　海港是联系内陆腹地和海洋运输的枢纽。依托这一功能，人们逐渐将海港发展成为水陆交通的集结点和中转站。如今，海港不仅是物资进出口的集散地、船舶停靠的避风港，还是船只补充的"加油站"。

山东港口青岛港（下文简称"青岛港"）全自动化码头（张进刚 摄）

　　大大小小的海港中，既有天然形成的深水良港，又有人们依需求而建的人工港。人们依据海港的用途和服务对象，将其分为商港、军港、渔港、工业港等。

　　航船由广袤的海洋进入封闭的海港，首先映入眼帘的通常是从海岸延伸出来的码头。码头是港口设在岸边的专供船舶停靠、货物装卸、旅客上下的建筑物。不过，现在许多地方的码头又多出了一项新用途 —— 地标性建筑。码头建设开始更多地与文化、艺术等相融合，码头日益成为当地的旅游打卡胜地，比如中国台湾的淡水渔人码头、秦皇岛的老码头等。

港口分类（按用途分）

港口类型	释　义	典型港口
商　港	供商船往来停靠，办理客、货运输业务的港口。商港一般具有停靠船舶、上下旅客、装卸货物、供应燃料和修理船舶等所需要的设施和条件。按装卸货物的种类划分，商港有综合性港口和专业性港口两类。	中国的上海港、青岛港、维多利亚港，荷兰的鹿特丹港等
军　港	专供海军舰船补给、停泊、训练的港口。军港有天然或人工防浪设施，并可建造和修理舰船。军港是海军基地的组成部分，是为国家的军事和国防目的建造的。军港常位于海湾等地势险要的战略要地。	中国的旅顺港、美国的珍珠港、意大利的塔兰托港等
渔　港	供渔船停泊、避风、装卸渔获物和渔需物资的港口，是渔船队的基地。渔获物易腐烂变质，一经卸港必须迅速处理，因此渔港一般设有鱼产品加工厂、鱼粉厂、网具厂、渔轮修造厂、冷藏库和收购转运站等。	浙江沈家门中心渔港、大连渔港、浙江舟山渔港，日本的中村渔港，挪威的卑尔根港，秘鲁的卡亚俄港
工业港	为临近江、河、湖、海的大型工矿企业直接运输原材料、燃料和产成品而设置的港口。工业港一般设在某个工业基地或加工业的中心地区，也可称为"货主码头"或"业主码头"。	上海地区位于长江南岸的上海宝山钢铁总厂港口码头、位于杭州湾的上海金山石化总厂的陈山原油码头，日本的鹿岛、川崎、千叶等港口

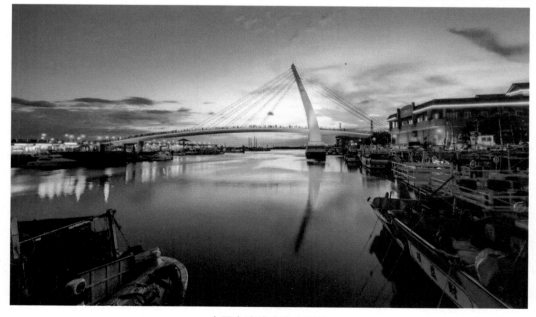

中国台湾淡水渔人码头

码头建筑物靠船一侧的竖向平面与水平面的交线，即停靠船舶的沿岸长度，叫作"码头岸线"，是决定码头平面位置和高程的重要基线。依据码头岸线的长度，我们可以获知某个码头同时作业的船舶数量，从而得知这个港口的规模和容量。

海港 —— 财富的聚集地

在世界经济发展中,港口见证着海上贸易的繁荣。除了作为交通枢纽,如今的海港已摇身变成财富的聚集地。

一项调查显示,全球约有 50% 的财富集中在港口城市。人们之所以重视海港,主要是因为海洋运输有着难以替代的优势,比如成本低、输送量大、效率相对较高等。

随着各国经济交流的日益紧密以及资金、商品、信息等资源的加速流通,国际贸易进一步发展,进而推动了交通运输业的拓展和壮大。作为重要交通节点的港口就像一扇扇通往世界的大门,将不同国家、不同地区紧密连接,让"地球村"焕发新的生机。

数据显示,当前世界外贸货运的 2/3 以上依赖海洋运输,加之国际制造业和加工业的大范围转移,世界港口将再一次掀起投资建设的热潮。

中国拥有绵延 1.8 万多千米的大陆海岸线、100 多处对外开放港口,进出口贸易优势明显的水运通道成为必然选择。中国每年经水运港口完成的外贸进出口货物占全国总量的 90% 以上,加大资源整合力度、发挥港口优势对中国未来的发展至关重要。

"聪明"的港口 —— 青岛港

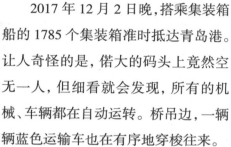

青岛港自动化集装箱码头

2017年12月2日晚，搭乘集装箱船的1785个集装箱准时抵达青岛港。让人奇怪的是，偌大的码头上竟然空无一人，但细看就会发现，所有的机械、车辆都在自动运转。桥吊边，一辆辆蓝色运输车也在有序地穿梭往来。

就在船员们一个个丈二和尚——摸不着头脑时，对讲机里传来声音："欢迎来到青岛港全自动化码头，现在开始自动卸货，预计完成时间，9时30分。"

创造青岛速度

青岛港夜景

0时20分，自动化集装箱装卸作业正式开始。桥吊准确地吊起集装箱，将其放置在转运平台上，由机器人拆除锁垫，再将其吊至运输车上运走。整个过程全部由智能化系统控制，空无一人却井井有条。

9时25分，所有集装箱装卸完毕。据了解，青岛港全自动化作业的单机平均效率达39.6个自然箱/小时，比全球自动化码头单机平均效率高出 50%，创出全球自动化码头单机平均作业效率最高纪录，且全面超越人工码头作业效率。

2017 年 5 月 11 日，亚洲第一个全自动化码头青岛港正式启用，数千个集装箱或装或卸，安静有序，快速精准。截至 2018 年国庆，青岛港全自动化集装箱码头单机昼夜作业量已突破千箱大关，创出新的世界纪录；2018 年最后一天，码头单机平均效率达到 43.23 自然箱 / 小时，刷新了自己保持的世界纪录。

2013 年，青岛港全自动化码头开始筹备建设，不到 22 个月就建设完成。经过 5 万多次测试，研发团队自主研发出全新一代控制系统，建设成本仅为国外同类码头的 75%，减少人力 70%，提升生产效率 30%。码头使用初期，装卸效率为 26 个自然箱 / 小时，运行至 11 个月时，装卸效率已稳定在 35 个自然箱 / 小时。此前，荷兰鹿特丹港的全自动化码头马士基码头建设周期长达 8 年，但装卸效率仅为 20～22 个自然箱 / 小时。

2020 年 1 月 1 日，位于青岛西海岸新区的青岛前湾港集装箱码头一片忙碌。（张进刚 摄）

揭秘全自动码头

顾名思义，全自动化码头就是完全由机器自动化运行、不需要人工辅助的码头。

可是,现场没有一个人,装卸工作究竟如何完成?

系统控制中心区域是智慧码头的终端。在主机房里,智能生产控制系统持续运转,帮助码头"思考决策"。

过去,人工装卸主要依赖个人技术和经验,需要付出大量体力劳动。如今在无人码头,"司机"变成了工程师,通过智能系统指挥码头上的设备完成装卸工作,整个码头所需人数仅为9人。

其实,实现码头全自动化并不是件易事。

在青岛港全自动化码头生产控制中心,青岛港工人在监控现场作业情况。(张进刚 摄)

难点一:货物装卸过程中精确定位

懂行的人都知道,码头上有两样十分重要的设备——桥吊和卡车。桥吊用于装卸集装箱,卡车则用于运输集装箱。要想实现集装箱装卸自动化,集装箱的位置、桥吊的位置及卡车的位置都必须非常精确,否则三者就无法顺利"会合"。

以往,桥吊和卡车都靠人工操作。工作人员凭肉眼判断位置,然后操作桥吊吊起集装箱并放置到相应位置,最后由人驾驶卡车将其运走。全自动化码头就是要使这两种设备的操作做到"无人化"。

货物装卸精准定位。(张进刚 摄)

对此,青岛港码头系统的工程师们制定了解决方案。在船舶靠港前,码头操作系统会根据船舶信息生成作业计划。首先,系统用激光扫描集装箱,确定锁孔位置,仅需几秒钟就能完成精确扫描并校准位置。紧接着,桥吊抓取集装箱的锁孔,并将集装箱运送到转运平台。到达转运平台并被拆除锁垫后,集装箱将被放置在排列等候的运输车上,运到集装箱堆场。

难点二:自动拆装集装箱锁

拆装集装箱锁一直是自动化码头实现全自动化的难点,国外普遍采用人工解锁的方式,但这不仅耗费大量人力,还存在安全隐患。经过攻关,青岛港解锁了这一世界性难题。

当集装箱到达转运平台后,工程师们在这里设置了机器人,由它们负责拆除集装箱上的锁垫。机器人能够根据集装箱锁的不同类型,自动完成这个拆装扭锁的过程。这是该技术在全球的第一次应用。

难点三:无限续航的自动导引运输车

有了控制中心做智慧码头的大脑,谁来做由"大脑"支配的"手脚"呢?

当然是码头上的 38 个"机器人"啦,也就是陆地上的自动导引运输车。这些无人驾驶的车辆的任务就是将集装箱从起始位置运送至目标位置。

无人驾驶的电能运输车正在码头上作业。

可别小看这些机器人,它们运行起来相当复杂。从其起始位置开始,这些机器人便根据计算机指定的位置实时采集地面上的磁钉,将磁钉提供的物理信息传输到后台的计算机系统,以便其进行准确位置的计算,从而优化路径,使误差不超过 2 厘米。

一般来说,整个货物移交的过程从定位到码放仅需 1 分钟。每辆自动化导引运输车上安装有 26 个摄像头,以确保其准确定位。

此外,这些运输车还有一个神奇之处,就是它们都采用全锂电池供电、自动循环充电的方式提供动力。这种方式不仅绿色环保,还能实现无限循环作业。

众谈青岛港

青岛港自动化码头项目受到中国科协的高度关注,获评 2017 年"中国智能制造十大科技进展"项目,这是中国港口界首次获此殊荣。

马士基码头集团青岛区总经理叶志雄表示:"青岛港自动化码头今天取得如此令人瞩目的成绩绝非偶然,该效率绝对是当前自动化码头的一流水平,并全面超越了人工码头效率。"

中国海洋大学经济学院副院长、教授刘曙光认为:"从青岛港自动化码头持续优化的作业效率来看,'青岛港模式'具有了可推广可复制的行业示范意义,为全球全自动化码头研发建设提供了'中国方案'。"

全球自动化码头资深专家马克说:"非常高兴看到青岛港全自动化码头运营如此出色,这都源于青岛港全自动化码头从硬件到软件都打下了坚实的基础。基于此,青岛港未来将会迈向更高的层次,继续保持世界上效率最高的自动化码头地位。"

海陆齐发力 —— 宁波舟山港

位于东海之滨的宁波,历来是中国对外贸易的重要口岸。唐宋时期,宁波与广州、泉州并列为中国三大港口重镇。鸦片战争后,宁波被辟为"五口通商"的口岸城市。

1973 年,宁波港由甬江港区向东拓展,开始建设镇海港区,由内河港走向河口港。

1979 年,宁波港核心港区北仑港开工建设,完成由河口港向海港的跨越。

1984 年 7 月 22 日,一艘载有 10 个长方体铁皮箱、名为"衢江"的船舶缓缓靠上了镇海港区煤炭泊位。这是宁波港与集装箱的"第一次亲密接触"。

1985 年,宁波市委达成共识,要在北仑和镇海发展港口大工业。北仑和镇海的工业沿着海岸线走,空气扩散条件好,对环境影响小,有利于可持续发展。

1989 年,宁波港在北仑港区开始建设首个集装箱专用码头。两年后,宁波港国际集装箱船专用码头投产运转。

20 世纪 90 年代,宁波港集装箱吞吐量以年均 30% 以上的速度增长。到了 1994 年,从芦苇荡里建设起来的北仑港不知不觉间已经具备了 20 万吨级卸矿码头。

卸矿码头的建造完工填补了中国没有特大型散货码头的空白。从此,宁波港实现了与鹿特丹港等世界大港的对接。1995 年 12 月,从澳大利亚驶来的当时世界上最大的散货船 —— "大凤凰"停靠北仑港,这是第一艘靠泊中国的 30 万吨级巨轮。

进入 21 世纪,宁波港集装箱吞吐量增幅连续多年领跑全国。2015 年 9 月,宁波舟山港集团挂牌成立,宁波港和舟山港实现了一体化运营。300 多千米深水岸线、19 个港区、600 多座生产性泊位形成优势互补。

宁波舟山港梅山港区拥有 8 台远控智能桥吊、10 台远控智能龙门吊,是目前国内设计等级非常高的集装箱码头。

宁波舟山港梅山港区 6 号泊位

作为"丝绸之路经济带"和"21世纪海上丝绸之路"交会点、"长江经济带""龙眼"的宁波舟山港条件可谓得天独厚。30万吨级巨轮可自由进出，40万吨级以上的巨轮可候潮进出，宁波舟山港是中国10万吨级以上大型与超大型巨轮进出最多的港口之一。向内，宁波舟山港连接全国沿海港口，覆盖中国大陆最具活力的长三角经济圈；向外，面朝繁忙的太平洋主航道，拥有"服务世界"的全球视角，是中国沿海向北美洲、大洋洲和南美洲等港口远洋运输辐射的理想集散地。

目前，宁波舟山港已拥有250多条航线，连接全球600多个港口。2017年，宁波舟山港成为全球第一个年货物吞吐量超10亿吨的港口；2018年，其年货物吞吐量再超10亿吨，全球港口排名实现"十连冠"。

宁波舟山港于2017年成为全球首个年货物吞吐量超过10亿吨的大港。

海铁联运进一步拓宽了宁波舟山港的对外通道。2019年1月，搭乘宁波舟山港渝甬班列的首批9标准箱国际联运集装箱在重庆铁路集装箱中心站完成转运，并随渝新欧班列驶往万里之外的德国杜伊斯堡站，之后货物在德国通过卡车配送至宝马汽车位于瓦克斯多夫的工厂和其他货主单位。

这是宁波舟山港国际联运业务首次挺进德国，也为宁波及周边地区至中亚、中东欧等国家和地区的进出口货物提供了一条便捷物流通道。

渝甬沿江铁海（海铁）联运国际班列首发。

自"一带一路"倡议提出以来，宁波舟山港以年均超过 40% 的增速实现海铁联运业务量从 2012 年的 5.9 万标准箱到 2018 年 60 万标准箱的飞跃式跨越，成为中国南方海铁联运业务量第一大港。

海上丝绸之路的重要港口

海上丝绸之路是指古代中国与世界其他地区进行经济文化交流的海上通道。它形成于秦汉时期，发展于三国至隋朝时期，繁荣于唐宋时期，转变于明清时期，是非常古老的海上航线。

古代海上丝绸之路从中国东南沿海起，途经中南半岛和南亚诸国，穿过印度洋，进入红海，抵达东非和欧洲，成为中国与外国贸易往来和文化交流的海上大通道，并推动了沿线各国的共同发展。

21世纪海上丝绸之路有两大走向：一是从中国沿海港口过南海，经马六甲海峡到印度洋，延伸至欧洲；二是从中国沿海港口过南海，向南太平洋延伸。

海上丝绸之路的繁荣，开辟了国际文化与物质交流的新渠道，加速了世界经济、科技及社会发展，增进了沿线各国人民间的友谊。其间，海上丝绸之路上的几大港口发挥了重要的作用。

郑和七下西洋

上海港

　　自古以来,上海就是中国对外交通和贸易往来的重要港口。早在唐朝天宝年间,朝廷就在此设立镇治,发展港口,供船舶往来停靠。北宋在此设市舶司(即管理海上对外贸易的官府,相当于现在的海关),征收关税,管理航运。1853年,上海成为中国最大的外贸口岸。中华人民共和国成立后,经过70余年的建设和发展,上海港已成为一个综合性、多功能、现代化的大型主枢纽港,并跻身于世界大港之列。

　　上海港位于长江三角洲前缘,居中国1.8万千米大陆海岸线的中部;扼长江入海口,地处长江东西运输通道与海上南北运输通道的交汇点,是中国的水路枢纽。目前,上海港与全球214个国家和地区的500多个港口建立了集装箱货物贸易往来,国际班轮航线遍及全球各主要航区。

　　如今,上海港是全球非常繁忙的集装箱码头,平均一秒就有一个集装箱在这里起吊装卸,曾连续7年保持世界第一,坚守全球码头"一哥"地位。

上海港

宁波港

　　宁波古称"明州",位于中国南北海运航线的终端,辐射内陆,通江达海,是东海航线的主要进出港。宁波的海外交通始于东汉晚期。唐朝长庆元年(821),朝廷于此兴建港口、置官办船场，使宁波港成为当时中国港口与造船业最发达的地区，不仅跻身四大名港，造船技术也居于世界领先地位。宋元时期，明州港就是中国三大国际贸易港之一。北宋淳化二年（991），朝廷于此始设市舶司，使宁波港成为中国通往日本、高丽的特定港，同时航船也通往东南亚诸国。清代设在宁波的浙海关是当时全国四大海关之一。

如今，宁波港由北仑港区、镇海港区、宁波港区、大榭港区、穿山港区组成，是一个集内河港、河口港和海港于一体的多功能、综合性、现代化深水大港，是中国超大型船舶最大集散港和全球为数不多的远洋运输节点港。2016 年，合并成立的宁波舟山港累计完成集装箱吞吐量 2156 万标准箱，同比增长 4.5%，增幅位居全球前五大港口之首。2017 年，该港货物吞吐量位列世界第一，该港也成为世界首个年货物吞吐量突破 10 亿吨的港口。

宁波舟山港

泉州港

泉州古称"刺桐"，是古代海上丝绸之路的起点，曾在东西方文明交流中占有重要地位。泉州港已有 1300 多年历史，与埃及亚历山大港齐名，是世界千年航海史上独占 400 年鳌头的"东方第一大港"。古代泉州府的管辖范围包括如今的泉州、厦门、金门、钓鱼岛、澎湖及台湾。古泉州港有"四湾十六港"之称。"四湾"包括泉州湾、深沪湾、围头湾、湄洲湾，每个港湾中又各有 4 个支港，从而组成了著名的海上丝绸之路港口。

泉州的海上交通起源于南朝，发展于唐朝，宋元时期海上贸易活动达到鼎盛，泉州成为世界性的经济文化中心。明朝初期和后期，朝廷实行海禁政策，对外贸易受到非常大的限制。清朝闭关锁国，更是严重制约了经济社会的发展，港口的繁华烟消云散。

斗转星移，改革开放的春风拂过这里，这座曾给泉州带来"市井十洲人""涨海声中万国商"繁荣景象的千年古港如今再次走向海洋，再展"海丝之路"雄风。

十一届三中全会召开以后，泉州在原来的基础上重建港口。1983年，泉州港开始对外籍船舶开放，被国务院批准为全国24个对外开放港口之一。

古老的泉州港再次焕发青春，走上深水大港的发展之路。

1997年，泉州港货物吞吐量突破1000万吨大关，该港成为东南沿海集装箱运输枢纽港之一。2012年，泉州辖区港口货物吞吐量已连续4年破亿吨，泉州港跨入亿吨大港行列，与世界60多个国家和地区通航。随着"一带一路"建设的持续推进，作为古代海上丝绸之路起点港口的泉州港正迎来新的发展机遇。据统计，2017年泉州港与"海丝"国家的货运量达360多万吨，同比增长30.25%，占泉州港外贸货物吞吐量的73.96%。

泉州港

广州港

广州古称"番禺城"，自秦汉起，海陆相交的地缘地理条件使其成为岭南乃至两广地区的地缘中心。自3世纪30年代起，作为中国"南大门"的广州就是海上丝绸之路的主港，中国与南洋和波斯湾地区的定期航线都集中在广州。唐宋时期，广州成为中国著名的大港，世界著名的东方港市。在明清两代，广州港是海上丝绸之路上非常重要的港口，也是世界海上交通史上唯一一个 2000 多年长盛不衰的大港，可以称为"历久不衰的海上丝绸之路东方发祥地"。

广州港位于珠江三角洲，拥有得天独厚的发展条件。这里航运条件优越，航道纵横交错、四通八达。进入 21 世纪，在腹地经济持续快速增长的支撑下，广州港快速发展，目前已与马士基、地中海、法国达飞、中国远洋、中国海运等全球知名航运企业建立合作关系，航线通达全球 80 多个国家和地区的 350 多个港口，成为全球物流链中重要的一环。

广州港

北部湾港

北部湾港口位于广西壮族自治区南部，是中国内陆腹地进入中南半岛东盟国家最便捷的出海门户。早在 2000 多年前，北部湾港便是古代海上丝绸之路的始发港之一，与东南亚各国和西方国家的海上交通贸易往来十分频繁。自 19 世纪末被列为通商口岸后，北部湾港一度成为中国南方重要的对外贸易港口。

北部湾港由钦州港、防城港、北海港三大天然良港组成，具有大型、深水、专业化码头群形成的规模优势，资源丰富、区位独特。该港先后建设了防城港 20 万吨级码头及进港航道、钦州港 30 万吨级油码头、北海铁山港 1–4 号泊位等一批标志性工程，使海洋经济国际贸易交通脉络畅通无阻。

北部湾港已与世界 100 多个国家和地区的 200 多个港口通航，实现了东南亚、东北亚地区主要港口的全覆盖。

2018 年 8 月 26 日，中远海运北部湾港 — 南非直航干线暨北部湾港首条国际外贸直航干线班轮航线顺利开通，非洲与中国西南地区实现海运对接。

北部湾港

瓜达尔港

巴基斯坦瓜达尔深水港位于巴基斯坦西南俾路支省瓜达尔市，南临印度洋的阿拉伯海，位于霍尔木兹海峡湾口处，是巴基斯坦第三大港口，是东亚国家转口贸易港及中亚内陆国家的出海口。中国企业修复和完善了瓜达尔港港口生产作业能力，推进配套设施建设。2016 年 11 月，由中资公司建设、运营的瓜达尔港正式通航。

瓜达尔港

比雷埃夫斯港

地处巴尔干半岛南端、希腊东南部的比雷埃夫斯港（简称"比港"）是希腊最大的港口，被称为"欧洲的南大门"。比港既是希腊第一大港，又是地中海东部地区最大的集装箱港口和全球五十大集装箱港口之一。

2016 年 4 月 8 日，中远海运与希腊共和国资产发展基金签署股权转让协议和股东协议，中远海运收购了比港管理局 67% 的股权，成为最大股东。这也是中国企业首次在海外接管整个港口。近年来，比港已成为 21 世纪海上丝绸之路上一颗耀眼的明珠。

比雷埃夫斯港

蒙巴萨港

肯尼亚蒙巴萨港是东非第一大港，在整个东非地区占有重要地位，其集装箱中转覆盖坦桑尼亚、乌干达、南苏丹、卢旺达和布隆迪等众多国家的港口。2013 年 8 月，由中国路桥公司承建的蒙巴萨港第 19 号泊位正式启用。这是中国公司在肯尼亚承建的第一个港口项目，提升了蒙巴萨港的货物吞吐能力。

蒙巴萨港

科伦坡南港国际集装箱码头

2013年，由中国企业投资建造的斯里兰卡科伦坡南港国际集装箱码头正式启用。科伦坡南港是南亚地区最大的深水港，可以停靠世界上最大的18000标准箱的货柜轮。它不仅能服务南亚次大陆、远东和亚太地区，还可以服务东西主航线。南港国际集装箱码头开港给斯里兰卡带来了强大的竞争优势，有助于其实现成为区域航运中心的愿望。

科伦坡南港国际集装箱码头

汉班托塔港

　　斯里兰卡被称作"印度洋上的明珠"，千百年来一直是海上丝绸之路的重要节点。汉班托塔港位于斯里兰卡南部，距离国际海运主航线约 10 海里，是一座综合性人工深水海港。全球约 50% 以上的集装箱货运、1/3 的散货海运及 2/3 的石油运输要取道印度洋，因此汉班托塔港的地理位置十分优越。

　　2017 年，中国招商局港口控股有限公司与斯里兰卡政府签署了汉班托塔港的特许经营协议，协议于当年年底生效。2018 年，这里全年的货物吞吐量较上年增长了 1.6 倍。

汉班托塔港

其他明星海港

利用率最高的港口——新加坡港

新加坡港是亚太地区最大的转口港，也是世界上非常繁忙的集装箱港口之一，平均每12分钟就有一艘船舶进出，被称为"世界上利用率最高的港口"。

新加坡港地处太平洋与印度洋之间的航运要道，西临马六甲海峡，很多国家的集装箱在这里进行转运，然后漂洋过海到达目的地。独特的地理位置让新加坡港成为十分繁忙的转运港口。这个从13世纪就已经是贸易港口的地方，现在已经变成新加坡的政治、经济中心。

新加坡港

四季皆可自由通航的港口——中国香港维多利亚港

维多利亚港港阔水深，是世界三大天然良港之一，一年四季皆可自由通航，可当作航母停靠地点。

维多利亚港简称"维港"，是位于香港岛和九龙半岛之间的海港。该港自然条件较好，水域面积约有 60 平方千米，航道的平均水深超过 10 米，庞大的远洋货轮可以随时进入码头和装卸区，其西北部有世界最大集装箱运输中心之一的葵涌货柜码头。

因为整个香港都是自由贸易区，所以船舶与货物通关只需很短的时间。香港海港的作业流程高效，港口设施优良，通往世界不同地区的航线有 20 多条，每年进出香港的游客达 1000 多万人次。从船舱吨位、货物处理量、客运量来说，香港都是名副其实的世界大港。

维多利亚港夜景

韩国最大的港口——釜山港

釜山港是韩国最大的港口，也是世界第六大集装箱港，在韩国对外贸易中占主导地位。

釜山港位于韩国东南沿海，东南濒临朝鲜海峡，西临洛东江，与日本对马岛相峙。

釜山港始建于 1876 年,在 20 世纪初由于京釜铁路的通车而迅速发展起来。

目前,海洋运输是釜山经济结构中的主力。作为太平洋重要的物流中心之一,釜山港已经成为东北亚最大的中转港口。近年来,在港口运输的带动下,釜山的海港工业发展十分迅速,尤其是造船业取得了重大成就。

釜山港

中东地区最大的自由贸易港——迪拜港

迪拜港地处亚欧非三大洲的交会点,是中东地区最大的自由贸易港,也是世界首屈一指的转口贸易大港,转口贸易十分发达。

迪拜港是通往波斯湾、南非、印度以及中亚和东欧的重要港口。为了充分利用本地区的地理优势,迪拜大力发展港口贸易。广阔的阿拉伯市场、超低的港口使用费及对港口建设的高投入,是迪拜港迅速跻身世界大港的主要原因。此外,它还是海湾地区的修船中心,拥有名列前茅的百万吨级干船坞。

迪拜港

世界最大的人工深水港——天津港

天津港是世界最大的人工深水港，也是中国北方最大的综合性港口和重要的对外贸易口岸。

天津港位于海河入海口，处于京津冀城市群和环渤海经济圈的交会点上。天津港是在淤泥质浅滩上挖海建港、吹填造陆建成的世界航道等级最高的人工深水港。天津港主航道水深达 21 米，可满足 30 万吨级原油船舶和国际上最先进的集装箱船进出港。

天津港

欧洲门户——鹿特丹港

鹿特丹港是连接五大洲的重要港口,曾是世界上最大的海港,有"欧洲门户"之称。

鹿特丹港位于欧洲莱茵河与马斯河交汇处,濒临海运繁忙的多佛尔海峡,地理位置十分优越。鹿特丹港是连接荷兰与欧盟其他成员国的货物集散中心、粮食贸易中心。自从1961年吞吐量首超纽约港后,鹿特丹港曾多年稳居世界第一大港的位置,现在仍是重要的国际贸易中心和国际航运枢纽。先进的港区基础设施,高效的储、运、销一条龙服务体系,加上较完善的海关设施和政府的大力支持,使鹿特丹港的发展前景十分广阔。

鹿特丹港

天然深水港——纽约港

纽约港是世界著名的天然深水港,也是美国最大的海港。

纽约港位于美国东北部哈得孙河河口,东临大西洋,多年来吞吐量都在1亿吨以上,每年平均有4000多艘船舶进出。因为地理位置优越,纽约港不仅是美国重要的产品集散地,也是全球重要的交通枢纽。纽约港冬季不冻,即便是数十万吨的巨轮也可以自由出入。

纽约港

天然良港——里约热内卢港

里约热内卢港是世界三大天然良港之一，既有大西洋的环绕，又有瓜纳巴拉湾和海岛的庇护，全港海岸线长 7500 多米，是南美洲船只停泊中心。该港曾长期为巴西第一大吞吐港，但 20 世纪 80 年代后期被圣多斯港超越，年吞吐量降至 2500 万吨左右。里约热内卢港主要输出咖啡、蔗糖、皮革、钢铁和铁、锰矿石，输入石油、煤、机械等。

里约热内卢港

南半球第一大港——悉尼港

　　悉尼港是南半球第一大港,南北两面是悉尼最繁华的中心地带。因此,悉尼港又被称为"城中港"。

　　悉尼港东临太平洋,西面20千米为巴拉玛特河,是澳大利亚主要的物资集散地。悉尼港港湾总面积约为55平方千米,口小湾大,是世界著名的天然良港。悉尼海港大桥建成以后,该港运输能力提高了近50%。拥有专用邮轮码头的悉尼港与全世界近200个国家和地区有贸易往来。

悉尼港

第五章　深挖蓝色能源富矿

　　2018年，正值中国改革开放40周年，11月13日，"伟大的变革——庆祝改革开放40周年大型展览"在国家博物馆开幕。展馆内，图片、文字、视频、实物展览、VR体验……琳琅满目的信息、丰富多彩的内容让人目不暇接。看着祖国日新月异的发展和生活中翻天覆地的变化，如果你在现场，满满的自豪与骄傲一定会油然而生。

　　在展览中，"中国海洋新能源的开发利用"是40年壮丽画卷里浓墨重彩的一笔。

总理都点赞的"蓝鲸1号"

"蓝鲸1号"钻井平台模型

展馆门口,巨大的"蓝鲸1号"钻井平台模型格外引人注目。

"蓝鲸1号"是什么?它是干什么的?为什么能在如此重要的舞台上亮相呢?

"蓝鲸1号"是中国自主制造的目前世界最先进一代超深水双钻塔半潜式钻井平台,由中集来福士海洋工程有限公司完成全部的详细设计、施工设计、建造和调试,配备DP3动力定位系统。

取名"蓝鲸",寓意它将成为代表人类海洋工程领域最高科技水平的平台。

随着油气资源的深度开发,油气勘探从陆地转向海洋,钻井工程作业也必须在浩瀚的海洋中进行。在海上进行油气钻井施工时,不仅几百吨重的钻机要有足够的支撑和放置空间,钻井人员也要有生活起居的地方,海上石油钻井平台就担负起了这一重任。

"蓝鲸1号"可谓名副其实的海上"巨无霸"。

正在海上作业的"蓝鲸1号"

"其平台长 117 米、宽 92.7 米,相当于一个标准足球场的大小,从船底到钻井架顶足足有 37 层楼高。它的最大钻井深度达 15250 米,比地球上最深的马里亚纳海沟还要深,是目前全球作业水深、钻井深度最深的半潜式钻井平台,适用于全球 95% 的深海作业 ……"谈起"蓝鲸1号",全程参与其钻井系统设计的工程师王耀华如数家珍。与传统单钻塔平台相比,"蓝鲸1号"配置了高效的液压双钻塔和全球领先的西门子闭环动力系统,可提升 30% 的作业效率,节省 10% 的燃料消耗。

"蓝鲸1号"主要参数

总　长	117 米
型　宽	92.7 米
型　深	36.3 米
工作水深	3658 米
钻井深度	15250 米
作业吃水	24 米
可变甲板载荷	10000 吨
定　员	200 人
主发电机	8×5530kWe
动力定位	DP3
船级社	挪威船级社

该平台先后荣获 2014《世界石油》杂志颁发的最佳钻井科技奖及 2016 国际海洋油气技术大会最佳设计亮点奖。2015 年 5 月,李克强总理在巴西"中国装备制造业展览"

上参观了"蓝鲸1号"模型,为平台点赞。

"蓝鲸1号"拥有27354台设备、40000多根管路和50000多个机械完工质量报验点,电缆拉放长度达1200多千米,相当于从北京到上海的距离。作为最先进一代超深水双钻塔半潜式钻井平台,"蓝鲸1号"不仅在这些数据上远超其他项目,在设计建造过程中也克服了诸多挑战。

不同类型的钻井平台示意图

通过采用详细设计和基础设计并行推进的策略,仅用了9个月,中集来福士海洋工程有限公司就完成了平台的设计任务,比标准设计周期缩短了3个月。"蓝鲸1号"首次使用100毫米NVF690超厚钢板,率先完成CTOD(裂缝尖端开口位移)断裂韧度试验,使中集来福士海洋工程有限公司成为全球唯一一家超深水钻井平台通过CTOD试验并具有该类焊接生产能力的企业。在项目开展中,项目团队首次采用"日清日结、日事日毕"的精益管理模式,将整个平台的生产进度加快了15%。

"蓝鲸1号"的钻井系统采用了双钻塔、超高压井控等大量的新技术。"这是我们首次深度参与平台钻井系统的设计、拆包采购、设备安装、调试等关键环节,完成了大部分的自主设计及完全的自主建造和钻井调试。这标志着中国走通了一条深水半潜式钻井平台钻井大包之路。"王耀华说。

"蓝鲸1号"成长史

2013年8月28日，中集来福士海洋工程有限公司承建的D90超深水半潜式钻井平台"蓝鲸1号"在山东海阳建造基地开工。

2013年12月27日，海阳建造基地举行龙骨铺设仪式。

2015年3月15日，平台下船体在海阳建造基地成功下水。

2015年6月上旬，平台上船体在海阳建造基地成功下水。

2015年6月中旬，平台在烟台建造基地进行大合龙。

2015年7月7日，钻井井架开始安装。

2016年5月12日，倾斜试验顺利完成。

2016年9月4日，"蓝鲸1号"开始试航之旅，仅用17天（不含往返时间）就完成试航任务。

2016年12月28日，D90超深水半潜式钻井平台"蓝鲸1号"顺利取得挪威船级社入籍证书。

2017年2月13日，D90超深水半潜式钻井平台"蓝鲸1号"在烟台建造基地被正式命名并交付。这是中国船厂在海洋工程超深水领域的首个"交钥匙"工程，具有里程碑意义。该平台将主要用于开展海洋能源勘探。

"蓝鲸1号"俯瞰图

"蓝鲸1号"这一巨型装备从设计到建造再到投产，标志着中国深水油气资源勘探开发能力和大型海洋装备建造水平跃居世界领先地位。其中的关键性突破和技术创新也值得我们驻足一"赏"：

首先，"蓝鲸1号"建立了适应中国南海环境条件的平台水动力性能分析和设计优化技术，可根据南海海况（多台风、流速快）大幅优化平台运动性能，使该平台在恶劣海况中正常开展试采作业。

其次，"蓝鲸1号"建立了DP3动力定位系统定位优化设计及失效模式与后果分析（FMEA）技术。与传统的无倾角推进器相比，"蓝鲸1号"用于动力定位的推力可增加15%，实现了在中心11级风力、浪高6.5米的台风情况下正常开展天然气水合物试采工作。

项目团队开发了基于DP3操作模式及仿真模拟的平台精确定位优化及设计技术。项目团队合理布置推进器，优化推进器推力及平台总体环境载荷的关系，配备最先进的DGPS位置参考系统。高精度声呐定位系统不仅可以作为位置参考系统，还可以进行隔水管角度监控以及对BOP进行遥控关断，提高了平台的操作和安全性能。

此外，团队还研发了超高强度超厚板结构优化及关键性试验技术，成功完成世界首例低温100毫米厚板的焊接接头CTOD（裂缝尖端开口位移）试验，掌握了超深水平台大尺度特种材料的试验技术。团队还建立了超级双相不锈钢管系设计方法并实现应用，首次大面积采用双相不锈钢（2507型铁素体和奥氏体，铬钼含量较高）管材，在很大程度上提高了系统耐海水腐蚀的能力，延长了系统使用寿命。

在人员起居方面，"蓝鲸1号"创新了关键区域多开孔结构优化及设计技术。基于结构强度耦合分析技术，项目团队成功完成全船开孔结构的优化设计，实现同类平台600毫米×1200毫米生活区超大窗户结构设计，满足居住舱室100%的自然光照射，在很大程度上提高了居住舒适性。

最惊艳的要数"蓝鲸1号"世界首创的双钻塔系统。一般来说，钻井平台只有一套钻井系统，而"蓝鲸1号"却拥有双钻塔系统。过去，钻井平台只用一个顶驱钻井，将长长的油管提起，连接，再送进地下，所以需要接一会儿，停下来，再钻一会儿。钻井越深，需要的管子就越长，顶驱接管耗费的时间也就越多。如今，双钻塔同时工作，一边打井一边接管，钻井效率至少可以提升30%。

南海的"冰与火之歌"

真正令"蓝鲸 1 号"名声大噪的，是中国利用该平台首次实现了海域天然气水合物（可燃冰）试采成功。这是中国新能源勘探开发领域的一次历史性突破。

沉甸甸的任务

可燃冰学名为"天然气水合物"，形似冰雪，是由天然气和水在高压低温状态下形成的固体结晶物质，能像固体酒精一样被直接点燃。可燃冰在陆域和海域均有分布，但海底可燃冰的分布范围和储存量要远远大于陆地。根据理论计算，1 立方米的可燃冰可释放出约 164 立方米的甲烷气体和 0.8 立方米的水；而当被点燃后，可燃冰仅会生成少量的二氧化碳和水。因此，可燃冰被称为"21 世纪最理想的清洁能源"。

被点燃的可燃冰

然而，可燃冰的开采却是一项世界性难题。

2009 年 6 月，广州海洋地质调查局局长叶建良带领团队在青海省祁连山南缘永久冻土带成功钻获可燃冰实物样品，实现了中国陆域可燃冰勘探的突破。中国也因此成为世界上第一个在中低纬度冻土区发现可燃冰的国家。

2014 年 7 月 28 日至 8 月 1 日，第八次国际天然气水合物大会在北京召开。会上，中方代表宣布：中国将在 2017 年开展可燃冰试采。

2016 年年初，天然气水合物试采指挥部成立，叶建良被任命为指挥部指挥长。

当时摆在指挥部面前的是储层开采难度大、没有专用设备、没有成功经验可循等一系列难题。此次天然气水合物试采的目标就是努力实现中国海域天然气水合物日产 1 万立方米。

"当时的感觉像做梦，因为这简直是个不可能完成的任务。"叶建良回忆道。

在天然气水合物研究领域，相比其他一些发达国家，中国不仅起步较晚，甚至有些可燃冰研究方面的专家自己都没见过可燃冰的样品，加之没有相关技术规范，无法进行数据对比，很多现有的油气勘探方法并不一定奏效 …… 即使国外发达国家也很少能达到"日产一万方"的目标。

然而，天然气水合物试采工程关乎国家未来的发展，没有人迈出第一步，就永远没办法向前走。叶建良接下了这项沉甸甸的任务。

冲天而起的试采火焰

受命后，叶建良的首要任务是在短时间内组建一支完备的人才队伍。

由于天然气水合物试采涉及众多不同的科研领域，需要多个行业的人才，试采团队便在国内外"招兵买马"，选聘相关领域的专家学者。

后来组建的队伍，每一位成员都称得上精兵强将。

团队成形了，寻找合适的试采平台又成了第二道坎儿。

经过反复调研，指挥部最终锁定了"蓝鲸 1 号"这个由中国自主研发、设计、制造的平台，因为它在各个方面都符合试采作业的要求。

但是，高额的价格横在了项目组面前。按正常市价，"蓝鲸 1 号"每天的租金为 80 万美元（约合人民币 560 万元），这一"天价"远远超出了项目组的承受范围。

正值试采团队两难之时，中集来福士海洋工程有限公司决定，以每天 20 多万美元这一远低于成本价的价格出租"蓝鲸 1 号"，支持国家科学事业。

到这时，试采前的准备事宜终于告一段落。

随后不久，"蓝鲸1号"正式上岗，担负起中国首次海域天然气水合物试采的重任。

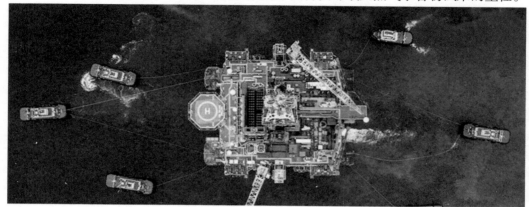

"蓝鲸1号"

然而，难题并未就此结束。

南海神狐海域蕴藏的是泥质粉砂型天然气水合物，这种类型的天然气水合物具有特低孔隙度、特低渗透率等特点。同时，深水区浅部地层松软易垮塌。因此，在这里钻探的风险非常高，开采难度非常大。

顶着巨大的压力，试采团队创新性地把储层改造作为重点突破口，通过特殊技术提高海底可燃冰储层的渗透性，并取得显著成效。不仅如此，团队还创新了采油的防砂技术，解决了出砂堵气管的难题。

2017年3月，试采团队成员陆续登上"蓝鲸1号"，正式准备试采。经过40多天的奋战，5月10日，首次试采开始。当天14点52分，广袤的海面上，一道火焰冲天而起，试采成功了！

中国首次海域可燃冰开采成功。

这一刻，中国实现了在本国海域可燃冰开采零的突破，又一扇新能源的大门就此打开。

7月9日，距离5月10日试气点火刚好过去了60天，第一口试采井已经全面完成预期目标，试采团队开始正式实施关井作业。在这连续60天的试开采中，该井累计产气超过30万立方米，创造了产气时长和产气总量的世界纪录。

该项目的试采成功实现了中国天然气水合物勘查开发理论、技术、工程由并跑到领跑的历史性跨越，使中国抢占了天然气水合物科技创新制高点。

2017年11月，国务院正式批准将天然气水合物列为新矿种。自此，可燃冰成为中国第173个矿种。

国务院批准天然气水合物成为我国第173个矿种

迎战台风 破世界采气纪录

在令人赞叹的世界纪录背后，有着鲜为人知的曲折坎坷。

当可燃冰试采到第33天时，突如其来的台风曾险些导致试采中止，"蓝鲸1号"成了化解这次险情的"大功臣"。

"如果当时不是在'蓝鲸1号'上，而是在其他弱一点的平台上，我们可能当天就要中止可燃冰试采项目了。"回想起那天的台风，许多人还心有余悸。

2017年6月12日凌晨3点，台风"苗柏"突然造访，且风力增至12级，即使是"蓝鲸1号"这个庞然大物，在惊涛骇浪中也宛如一片形单影只的叶子。

当时试采已经接近尾声，台风来了，是停止试采还是继续？整个团队颇为纠结。不走的话，台风对井上和井下设备的影响难以预料；如果撤离，则不利于这次可燃冰的持续开采和研究。

最终，叶建良团队与"蓝鲸1号"操船团队对平台动力系统和定位系统的能力进行评估，慎重作出"保持生产测试、原地抗击台风"的决定，要求试采各作业部门固定好仪器设备，台风期间暂停一切室外作业，全体工作人员值守岗位，发现情况及时处理。另外，他们还制订了详细的、可操作性强的应急预案。

神狐海域可燃冰试采现场

直至早晨6点，"苗柏"离开，"蓝鲸1号"始终牢牢"钉"在工作海域，未出现任何人员及设备安全问题。这次可燃冰试采作业一秒都没有停顿，为中国海域试采实现持续采气60天的世界纪录提供了保障。

"蓝鲸1号"顺利迎击台风离不开强大的"武器装备"。

为何"形单影只"的"蓝鲸1号"能在这场肆虐的台风中安然无恙呢？这要归功于

它的 DP3 动力定位系统。

DP 是动态位置保持系统（Dynamic Positioning System）的简称，根据定位需求与效果的不同，可分为 DP1、DP2、DP3 等 3 个级别。DP3 级是国际海事组织的最高动力定位级别，广泛应用于船舶及海上平台作业时的精准定位。DP3 动力定位系统精度最准、抗风险能力最强（最高能抵御 18 级台风）、效果最好，有"定船神针"之称。

"定船神针" DP3

那么，DP3 动力定位系统到底是如何运行的呢？

技术人员介绍说，它是采集位置参照系统测得的平台位置信息和 DP 传感器系统测得的环境信息，经滤波后得到平台位置和艏向的估算值，并建立相应的数学模型，根据数学模型计算出平台的实际位置和艏向以及平台的运动速度（即平台的六自由度方向上的运动速度和运动加速度），将数据导入 DP 控制器并与设定值进行比较，生成控制指令。控制指令通过控制系统分配到对应的推进器，通过改变推进器的运转方向、转速或叶片的转矩，使平台保持在设定的位置上或沿设定的轨迹运动。早期的动力系统控制方式大多是采用模拟式控制器，在 PID 控制器（比例 – 积分 – 微分控制器）的基础上，用低通滤波技术滤除高频信号。

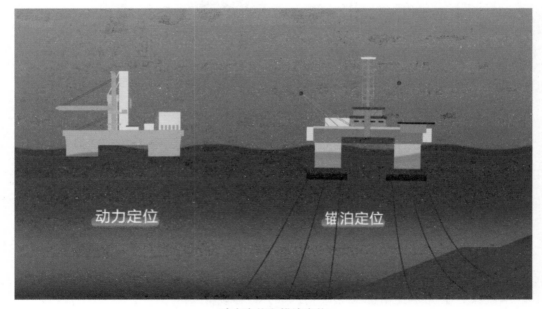

动力定位和锚泊定位

此外，DP3动力定位系统还具有几大优点：第一，自身具有动力，不完全依赖拖轮航行；第二，相对于锚泊定位，动力定位更加快捷方便，随水深的增加费用变化不明显；第三，可以工作于任何水深，并能对外部环境的变化和操作需要作出相应的反应；第四，当钻井完工后，可以迅速地移动到新井位并迅速定位进行作业；第五，不会对海床造成损坏或同其他船舶和平台的锚链发生缠绕，也不影响附近航道。

中国的海洋新能源发展

我们常说太阳能是绿色能源，殊不知有另一种能源正在"异军突起"，那就是被称作"蓝色能源"的海洋能。

在我们的地球上，海洋面积约达 3.6 亿平方千米，平均深度约为 3795 米。广袤无边的大海不仅能为人类提供航运、水源和丰富的矿藏资源，还蕴藏着巨大的能量。

海洋通过海流、潮汐、海水盐度差及温度差等各种物理过程接收、储存和散发能量，并将其以热能、机械能等形式存蓄在海水里，使其不像在陆地上或大气中那样容易散失。广义的海洋能还包括海上风能、太阳能以及海洋生物质能等可再生能源。海洋能储量大、绿色清洁、可持续利用，是应对全球化石能源短缺及气候变化、环境污染的重要选择之一。

东海大桥 10 万千瓦海上风电场

海上太阳能

开发蓝色能源已成全球共识

进入 21 世纪,全球经济在获得飞速发展的同时,"能源危机"也日益严峻。当石油、煤炭等化石能源的日渐匮乏遇见节能减排、应对全球变暖的巨大呼声,加快开发利用海洋能越来越成为世界上大多数国家的共识。

据预测,全球海洋能装机容量到 2050 年将达 74800 万千瓦,海洋能产业的发展还将带来更多高质量的就业机会。在一些发达的海洋国家,海洋能已成为其战略储备资源,沿海国家纷纷确立宏伟的海洋能发展目标,加快海洋能基础设施建设。

2018 年 9 月,全球最大的海上风电场 —— 沃尔尼海上风电场扩建项目正式投入运营。该风电场距离英格兰坎布里亚海岸约 19 千米,由 87 个涡轮机组成,覆盖范围相当于 2 万个足球场的面积,总装机容量达 659 兆瓦,可为近 60 万个英国家庭提供电力。

沃尔尼海上风电场

然而,随着全球海上风电技术的快速推进,沃尔尼海上风电场扩建项目可能很快就会失去"全球最大"的桂冠。

除了英国这个全球最大的海上风电装机国，荷兰一家电网运营商也提出将建立大规模海上风电场的计划。如果该计划能够实施，预计到 2027 年，其将拥有 30 吉瓦的总装机容量，足够为一个 2000 万人口的特大城市提供电力。

中国海洋能开发现状

正在吊装的海上风电机组

中国海洋能资源十分丰富，根据"中国近海海洋综合调查与评价"的结果，中国沿岸及近海区域海洋能的理论装机容量超过 15.8×10^8 千瓦（包括潮汐能、波浪能、海／潮流能、温差能、盐差能与近海风能，但不包括海洋生物质能）。

虽说被叫作"新能源"，但中国的海洋能开发其实可以追溯到 20 世纪 70 年代。近年来，中央财政通过专项资金和科技计划等多种形式加大对海洋能开发的财政支持力度。中国海洋能技术研发水平与国际先进水平的差距逐步减小，部分技术达到国际先进水平。中国成为世界上为数不多的掌握规模化潮流能开发利用技术的国家。

潮汐能利用技术已基本成熟。例如：1980 年，位于浙江省温岭市乐清湾的江厦潮汐试验电站投产发电。这是中国第一座双向潮汐电站，总装机容量达 3000 千瓦，可每昼夜发电 14~15 小时，每年可向电网提供 1000 多万千瓦时电能，至今已实现正常运行 40 年。在波浪能技术方面，中国已开展数十台发电装置海试及小型示范应用，部分技术接近或达到国际先进水平；在温差能方面，中国开展了温差能发电技术及综合利用的基础性试验研究以及温差能发电技术原理试验。

当前，中国海洋能已进入由技术研发向实际应用转变的关键阶段，要实现主要海洋能发电技术"稳定发电"的突破，就必须以服务海岛开发、海洋产业转型升级、海洋权益维护等需求为导向，致力于地区经济社会发展。

浙江江厦潮汐试验电站

在服务海岛开发方面，中国已在山东、浙江、广东等地建成了多个海岛海洋能多能互补示范工程，为海岛提供清洁能源供给。海岛新能源供电解决了部分偏远海岛的用电用水难题。

在海洋产业转型升级方面，海洋能有望发展成为重要的战略性新兴产业，在"21世纪海上丝绸之路"沿线国家有着重要的潜在市场。中国已开展了航标灯用波浪能发电模块、海洋观测仪器供电模块及波浪能网箱供电系统等产业示范研究，有助于尽早形成海洋能高端装备制造业。

在海洋权益维护方面，在南海围填海岛礁供电供水、深远海水下仪器设备供电等特殊应用领域，海洋能发电及其综合利用已显示出很好的应用前景。

同时，中国的海洋能开发利用逐渐向公共支撑服务平台方向发展。2014年11月，中国首个浅海海上综合试验场落户威海。科研人员可以通过其开展系统性、长期性的海洋动力学、物理海洋学、海洋建模仿真等科学研究，对海洋仪器设备进行规范化测试、比测等。2018年12月，中国首个无人船海上测试场——珠海万山无人船海上测试场正式启用。在不到一年的时间里,测试场陆续开展了一系列准备和试验,先后保障了全球最大规模无人艇集群试验、全国首次水面无人化卫星定标试验、全国首次空天地海岛礁一体化测量试验等,取得了一系列重大测试成果。

珠海万山无人船海上测试场俯瞰图

海洋能开发的"拦路虎"

尽管如此,与其他海洋强国相比,中国海洋能资源开发利用的总体水平仍然比较落后。

"海洋能是非常难利用的,因为它频率低、幅度大,而且动作慢,所以传统的电磁发电机是不能将其高效转化成电能的,加之水比较深,环境比较恶劣,操作非常困难。"纳米科学家、能源技术专家王中林指出,"怎么把这种遍布全球的能量利用起来,是开发蓝色能源的关键问题。"

据统计,目前中国海洋开发的综合指标不到4%,不仅低于海洋经济发达国家14% ~ 17%的水平,甚至低于5%的世界平均水平。这主要表现为总体开发不足与部分近海资源开发过度。

"靠山吃山,靠海吃海。"绵延的海岸线和方便到达的浅海是千百年来渔民们的生存依托。过度无节制的捕捞,加上日益向沿海高歌猛进的工业、工程开发,导致一些近海资源退化,近海生态形势日益严峻。各类污染物通过海洋食物链富集到海洋生物体内,打破了海洋生态系统原有的物质能量循环,降低了海洋生物生产的质量。用海矛盾的日益突出使得近岸海域的开发利用价值和生态环境状况早已不复昨日。

同时,中国海洋开发利用的科技水平仍然较低。

总体来看，中国海洋开发和海洋高技术水平比发达国家落后 10～15 年，海洋科技自主创新能力较弱，科技贡献率只有 30%，远远低于发达国家海洋经济发展中 80% 的科技贡献率。海洋生物技术、海水综合利用、海洋能源开发利用尚处于起步阶段。海

生物富集作用

洋技术装备较为落后，海洋油气资源开发、海洋预报和信息服务、海洋矿产资源勘探等领域的技术装备大多仍依赖进口，缺少具有自主知识产权的海洋技术装备。对于作为海洋资源富矿的深海，中国的开发技术更是落后于其他海洋强国。深海采矿技术多处于设计阶段，深海采矿设备和系统尚在试验当中，目前还不具备进入深海采矿的能力。

发力 推动海洋能源大发展

依托其独特的"绿色无污染"等优势，海洋能终将成为未来能源供给的"明星资源"和海洋经济的重要增长点。

中国将坚持自主创新，以显著提高海洋能装备技术成熟度为主线，着力推进海洋能工程化应用，夯实海洋能发展基础，实现海洋能装备从"能发电"向"稳定发电"转变，务求在海上开发活动电能保障方面取得实效，加速中国海洋能商业化进程，具体将从持续扩大海洋能工程示范规模、进一步拓展海洋能应用领域、积极利用海岛可再生能源 3 个方面发力。

丰富多样的海洋能

资源丰富的潮汐能

潮汐能是从海水昼夜间的涨落中获得的能量。它与天体引力有关,地球—月亮—太阳系的吸引力和热能是形成潮汐能的主要动力。在涨潮的过程中,汹涌而来的海水具有很大的动能,而随着海水水位的升高,海水的巨大动能就转化为势能;在落潮的过程中,海水奔腾而去,水位逐渐降低,势能又转化为动能。世界上潮差的较大值为13 ~ 15米,一般说来,平均潮差超过3米就有实际应用价值。潮汐能发电技术一般是利用潮水涨落形成的水位差,原理与水力发电相似。

潮汐能是一种清洁无污染的可再生能源。潮水每日涨落,周而复始,取之不尽,用之不竭,且相对稳定可靠,很少受气候、水文等自然因素的影响。用潮汐能发电,全年总发电量稳定,不存在丰、枯水年和丰、枯水期的影响。

潮汐发电主要有3种形式:一是单库单向电站。即只用一个水库,且仅在涨潮或落潮时发电。浙江省海山潮汐电站就是这种类型。二是单库双向电站。同样是只用一个水库,但无论涨潮还是落潮时都可以发电,只有平潮时不能发电。浙江省温岭市的江厦潮汐试验电站就是这种形式。三是双库单向电站。即利用两个相邻水库间的水位差推动水轮发电机组连续单向旋转发电。

当前最成熟的海洋能发电技术要数传统拦坝式潮汐能技术。早在数十年前,这种技术就已经实现商业化运行。目前在运行的拦坝式潮汐电站主要采用单库方式,如建于1966年

法国朗斯潮汐电站

的法国朗斯潮汐电站（单库双向）和建于 1984 年的加拿大安纳波利斯潮汐电站（单库单向）。

加拿大安纳波利斯潮汐电站

你或许会问：为什么不选用双库呢？

这是因为双库方式虽然可以实现连续发电，但要建两个水库，不仅投资巨大，且利用效率较低。

中国海域辽阔，海岸线曲折漫长，是全球海洋潮汐种类最丰富的海区之一。中国海区的潮汐资源以福建、浙江两省沿岸最多，其次是长江口北支和辽宁、广东两省沿岸。据不完全统计，中国潮汐能理论装机容量约为 1.9 亿千瓦，技术可开发量约为 2283 万千瓦。

2010 年以来，中国先后完成了多个万千瓦级潮汐电站工程预可行性研究报告，还开展了利用海湾内外潮波相位差发电、动态潮汐能技术等环境友好型潮汐发电新技术研究，已具备大规模开发潮汐能的技术基础及资源条件。

潮流能：广袤的"蓝色油田"

"潮流能"与"潮汐能"只有一字之差，含义却相去千里。

潮流能又称"海流能"，是潮水在水平运动时所含有的动能，被誉为"蓝色油田"。在海洋中，潮流能和潮汐能像一对孪生兄弟，都是海水受月球和太阳的引力作用而产生的动能。但是，与潮汐能相比，潮流能是从潮汐（或其他海流）中获取能量的另一种方法。

不同于潮汐电站,潮流能发电一般无须建坝,只需将设备直接置于水中,通过水的水平流动产生能量,这样可以节约大量的建筑投资。

全球潮流能储量约 50 亿千瓦,可以开发利用的潮流能总量达 3 亿千瓦。在全球范围内,潮流能主要集中于北半球的大西洋和太平洋西侧,如北大西洋的墨西哥湾暖流、北大西洋海流,太平洋的黑潮暖流和赤道潜流。从地域上看,潮流能一般集中在群岛地区的海峡、水道及海湾的狭窄入口处,这些地方的海流受海岸形态和海底地形等因素的影响而流速较快,伴随而来的能量也很大。

和风力发电的原理类似,潮流能发电即把水流的动能转化为机械能,再将机械能转化为电能。潮流能发电技术按照水轮机组不同主要包括垂直轴潮流能发电技术和水平轴潮流能发电技术。

目前,沿海各国在积极开展潮流能利用技术的研究。英国一家公司(MCT)研制的水平轴式潮流发电装置是全球首台商业规模的潮流发电装置,并成功地在英国布里斯托尔海峡进行了试验。

中国潮流能资源丰富,但分布不均,有近一半的潮流能资源分布在浙江,其中仅舟山就占据了浙江潮流能资源的 96%。可以说,舟山海域有一片广阔的、待开发的"蓝色油田"。

浙江舟山群岛峡谷众多,水深流急。在群岛中部的岱山县秀山岛南部海域,一座约 7 层楼高的钢构平台像一艘巨轮矗立在海面上,随着潮起潮落,汹涌的海流穿过其海面下的机翼,拍打着水轮机飞速运转,将源源不断的电能输送到居民家中。这就是世界首台 3.4 兆瓦潮流能发电站 —— 3.4 兆瓦 LHD 林东模块化大型海洋潮流能发电机组总成平台。

秀山岛 3.4 兆瓦 LHD 林东模块化大型海洋潮流能发电机组总成平台

2016 年 7 月，3.4 兆瓦 LHD 林东模块化大型海洋潮流能发电机组顺利下海发电，这是中国自主研发生产的世界装机功率最大的潮流能发电机组。同年 8 月 26 日，其首期 1 兆瓦机组成功并入国家电网。

据了解，这台以"科学家·侨联号"命名的大型海洋潮流能发电机组拥有 15 大系统核心技术群组、50 余项核心技术专利，可抵抗 16 级台风和 4 米巨浪，年发电量可达 600 万千瓦时。

有数据显示，舟山海域潮流能可开发容量高达 7000 兆瓦，相当于三峡大坝总装机容量的 1/3。潮流能一旦被大规模开发，不仅有利于解决海岛供电、海岛开发等海洋经济领域的重大问题，也能为中国东海、南海岛屿开发的电力供应提供解决方案。

波浪能："风能吸收器"

海浪周而复始、昼夜不停地拍打着绵延的海岸，其中蕴藏的能量可谓取之不尽。驾驭巨大的波浪，使其为我所用，是人类几百年来的梦想。

所谓波浪能，是海洋表面波浪所具有的动能和势能的总和。这些能量来源于海表上空的风能。当风吹过大海，通过海—气相互作用把能量传递给海水，形成波浪，进而将能量储存为势能和动能。波浪能的传递速率取决于风速，同时取决于风和海水的作用距离。

波浪能装置

作为新兴的海洋绿色能源，波浪能能够用于海水淡化、抽水、供热等，其开发和利用技术是当前发展最快的海洋能技术之一。然而，受条件所限，波浪能发电是目前波浪能利用的最主要方式。

21 世纪以来，以英国、葡萄牙和挪威等为代表的欧洲沿海国家持续在海洋能源的技术研发上投入并取得进展。他们在实际海域的试验装机容量在过去 10 年间稳步增长了 10 倍。

中国拥有广阔的海洋资源。调查显示：中国波浪能的理论存储量为 7000 万千瓦左右，近海离岸 20 千米以内的波浪能理论装机容量为 1599 万千瓦，其中广东的资源潜在量最高，其次是海南、福建和浙江。沿海波浪能能流密度为 2 ~ 7 千瓦 / 米。在能流密度高的地方，仅 1 米长的海岸线外波浪的能流就足以为 20 个家庭提供照明。

中国已经设计建成了 10 多个千瓦级的波浪能发电装置样机，但这些样机多为固定在海边的样机，漂浮在远洋海面上的装置较少。

2015 年 11 月，中国科学院广州能源研究所在珠海市万山岛海域投放了鹰式波浪能发电装置"万山号"。鹰式波浪能发电装置实现了中国大型波浪能转换技术由岸式向漂浮式的成功转变，为中国波浪能装备走向深远海域奠定了坚实基础。

鹰式波浪能发电装置"万山号"

目前阻碍波浪能发展的关键因素有对技术和设备要求高、回报周期长、发电不稳定、转换效率不高等。攻克波浪能发电技术难题一直是中国相关领域研究人员努力的方向。

2017 年，中国电子科技集团第三十八研究所研制的岸崖浮摆式波浪能发电装置顺利通过验收。该装置突破了波浪能液压转换与控制装置模块及千伏级动力逆变器关键技术，不仅实现了波浪的稳定发电，而且在小于 0.5 米浪高的波况下仍能频繁蓄能。这一关键技术的突破为中国波浪发电工程化应用奠定了基础。

有专家表示，一旦实现波浪能低成本、高效率和持续稳定的并网发电，就有望在波浪能开发利用的商业化道路上迈进一大步，也必将推动波浪能成为世界新能源的重要组成部分。

温差能：“热能转换器”

对于前边提到的潮汐、潮流、波浪能发电，或许你有所耳闻，但你知道利用海水的温差也能发电吗？

海水温差能是指海洋表层海水和深层海水之间由温差导致的热能，其能量的主要来源是蕴藏在海洋中的太阳辐射能。

海洋约覆盖了地球表面积的 71%，这使得海洋成为世界上最大的太阳能存储装置。正因如此，相比其他海洋能源，海洋温差能储量更为丰富。据估计，全球海洋温差能储量的理论值为 3 万 ~ 9 万太千瓦 / 年。此外，海水温差能不存在间歇，受昼夜和季节的影响较小，因此被国际社会普遍认为是最具开发利用价值和潜力的海洋资源。

800 米以下的海水温度保持在 4℃左右，因此海水温差能资源的分布主要取决于海水的表层温度，而海水表层温度主要随着纬度的变化而变化，低纬度地区水温高，高纬度地区水温低。赤道附近太阳直射多，其表层海水与深层海水间的最大温差可达 24℃，因此这里是海水温差能资源蕴藏最为丰富的地区。

海洋温差能转换发电的基本原理是利用海洋热能转化技术：海洋表层高温海水使冷水或沸点较低的工质气化，推动涡轮发电机发电；然后，深层低温冷海水对蒸汽进行冷却，使之重新变为液体，从而形成循环，实现海洋温差能的发电。

20 世纪七八十年代，国际海洋温差能转换进入第一轮开发热潮。这一时期，美国、日本先后建立了 4 座海洋温差能转换试验电站，验证了通过温差能获取电能的工程可行性。2005 年之后，随着高效热循环技术、大型热交换器等关键技术的突破，海洋温差能转换迎来新一轮开发热潮。美国、日本、印度先后建成海洋温差能转换试验电站，并投产发电。

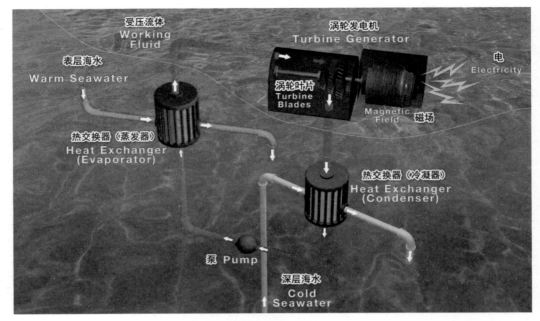

温差能发电原理图

中国海洋温差能资源丰富。比如：位于北回归线以南的中国南海是典型的热带海洋，太阳辐射强烈，表层水温常年维持在 25℃ 以上，而 500 ~ 800 米以下的深层水温则不足 5℃，20℃ ~24℃ 的水温差造就了巨大的温差能资源。

然而，与国外相比，中国在温差能设备制造方面差距较大，关于温差能的基础与技术研究也非常少。

2012 年，经过长达 4 年的研究，自然资源部第一海洋研究所成功突破利用海水温差发电的技术，其"15 千瓦温差能发电装置研究及试验"课题顺利通过验收，使得中国成为继美国、日本之后，第三个独立掌握海水温差能发电技术的国家。

据相关人员介绍，海洋温差能源不仅可以用来发电，还可以用来进行海水淡化，深层冷海水可以作为空调系统的冷源或者用于反季蔬菜大棚、水产品养殖等附属开发。

前景巨大的盐差能

除了我们经常听到的潮汐能、波浪能及刚刚提到的海洋温差能，你是否知道在海水和江河水的交汇处也蕴藏着一种可以用来发电的能量？它叫作"盐差能"。

海洋盐差能以化学能形态存在，是海洋能中能量密度最大的一种可再生能源。

和其他海洋能源"伙伴"相似，海洋盐差能也主要用于发电。

我们知道，当把两种浓度不同的盐溶液倒在同一容器中时，浓溶液中的盐类离子会自发地向稀溶液方向扩散，直到两种溶液的浓度相同为止。

盐差能发电就是利用这种原理。在江河入海处，由于淡水和海水的盐度不同，海水对于淡水存在渗透压及稀释热、吸收热、浓淡电位差等浓度差能，利用这种海水化学电位差能，就能转换成有效电能。

早在 1939 年，美国人就提出了海洋盐差能发电的设想，但由于其资源开发利用难度大，相关技术效率低、成本高，盐差能发电技术一直处于实验室阶段而未获大规模应用。

全球首个盐差能发电示范系统是由挪威国家电力公司于 2009 年建成的 10 千瓦盐差能示范装置。该装置采用缓压渗透式发电技术，即淡水和海水经过预处理后在装置膜组件半透膜两侧形成渗透压差，淡水向浓水渗透，使高压浓水体积增大，盐差能转化为压力势能，推动涡轮发电。2013 年 10 月，荷兰建成一座 50 千瓦基于反向电渗析原理的盐差能示范电站，即采用阴离子渗透膜和阳离子渗透膜交替放置，中间间隔处交替充以淡水和盐水的方式，使膜界面由于浓度差产生电位差，从而进行发电。

2014 年 11 月，荷兰首家盐差能试验电厂发电。据悉，该电厂每小时可处理 22 万升海水和 22 万升淡水，虽然目前产生的电能尚无法满足其自身用电需求，但其试验前景值得重视。

中国在盐差能方面的研究工作起步较晚。2008 年，中国海洋大学承担科技部"973"课题 —— 节能型高分子复合膜的结构调控与制备方法，在高分子膜的研究和制备方面积累了丰富的经验。2013 年，中国海洋大学研发出转换效率较高、总装机容量不低于100 瓦的盐差能发电装置样机，并在渗透膜性能的提高、膜组结构设计、渗透压力交换器、膜清洗技术及样机后期维护等关键技术上取得突破。2018 年，中国科学院理化技术研究所开发出一种利用盐差能发电的三维多孔膜。这种膜能量转化效率高，有望将河流入海口的盐差能高效转化为电能，实现每平方米 2.66 瓦甚至更高的发电功率，达到商用标准。

第六章　向海问药

河北省隆尧县乡观村 68 岁的村民冯艾枝一直有腿疼的毛病，走一段时间路，两个膝盖后面就会产生大量积水，影响走路。每次积水多了，她就找大夫用针管把积水抽去，以缓解疼痛，便于行走。

又过了两年，冯艾枝的儿子认为老是抽积水也不是办法，就带她到县医院做了详细检查。医生说，出现这种状况的原因是小腿和大腿连接处的膜发生破损，失去了润滑作用，建议做手术修复一下。

手术还算成功，冯艾枝的腿疼有所缓解，但是两年后病情出现了反复。她听说有一种海洋保健品对这种症状有辅助效果，就买了两盒试试。

两盒吃完，虽然疼痛没有根除，但冯艾枝觉得这种海洋保健品比此前吃过的一些药物效果明显。第一次受益于海洋医药，生活在内陆的冯艾枝有一点惊诧："海里的东西还有这样的用处？"

浩瀚的海洋像一座宝库，蕴藏着丰富的资源。

2018 年 6 月，国家主席习近平在出席上海合作组织青岛峰会后，到青岛海洋科学与技术试点国家实验室调研时指出，发展海洋经济、海洋科研是推动我们强国战略很重要的一个方面，一定要抓好。

中国工程院院士管华诗介绍了海洋药物的研发情况。管华诗说，自己的梦想就是打造中国的"蓝色药库"。习近平表示："这是我们共同的梦想！"

管华诗院士在指导研发人员做海洋多糖脱离实验。

  海洋孕育的药用资源之多，远超人类想象。就目前来看，人类已经发现约 3.5 万个海洋天然产物，一半以上有生物活性，远高于陆地动植物天然产物的生物活性。当然，海洋还有很多未知的、能提供大量药物先导化合物的海洋天然产物，堪称巨大的"蓝色药库"。

  管华诗于 1985 年研发的藻酸双酯钠是一种海洋药物。这是从天然海藻中提取的多糖硫酸酯类药物，可用于预防和治疗缺血性心脑血管疾病。

  小到治疗头疼脑热，大到救死扶伤，只有发挥这样的作用，中国的"蓝色药库"才真正能在"为人民谋幸福"中不失位、不缺位。

中华海洋本草

"松下问童子,言师采药去。只在此山中,云深不知处。"

中国人获得药材习惯于上山,而不下海。直到进入 21 世纪,这种情况才有所改观。

2004 年,一项大型近海海洋环境资源家底调查全面启动。这是中国迄今为止涉及调查内容最多、专业最广、采用技术手段最先进、投资最大、参与部门和单位最广泛的专项,学名为"近海海洋综合调查与评价专项",简称"908 专项"。

"908 专项"有三大主要任务:近海海洋综合调查、综合评价和构建数字海洋信息基础框架。8 年艰苦鏖战,"908 专项"投资 20 多亿元,组织 180 余家涉海单位、3 万余名海洋科技工作者,动用 500 余艘船,航程 200 多万千米,海上作业约 2 万天,完成水体调查面积 102 万平方千米、海底调查面积 64 万平方千米、海岛海岸带卫星遥感调查面积约 152 万平方千米、航空遥感调查面积约 9 万平方千米。

国家为什么组织这样的大型专项调查?其根本原因是:我们对近海海洋情况知之不足,缺少近海环境资源翔实、准确的数据和资料。不摸清中国近海海洋环境资源家底,怎么利用它为人民群众谋幸福?

中国是世界上最早利用海洋本草治病的国家之一。《山海经》记载了殷商时期对海洋药物的一些应用。《神农本草经》《新修本草》等详细记载了 110 多种海洋药物,收载了数以千计以海洋药物为主体的方剂(含食疗方)。新中国成立后,中国组织了几次生物资源调查、海岛资源调查,个别沿海省市对海洋药物开展了相关研究。

20 世纪 60 年代,全球医药学、化学、生物学领域一致认为:海洋生物和海洋矿物是一种新的药源。"向海洋要药"的呼声强烈,人们开始尝试从海洋生物中提取一些活性物质进行药物研究和开发。

人们越来越多地把医治疑难病症的希望寄托于海洋。"908 专项"最初有一项设计:让海洋生物医药普惠人民,开展"海洋药用生物资源调查与研究"以及"海洋药用生物资源评价和《中华海洋本草》编纂"。

初次听闻《中华海洋本草》这个名字,你或许会想起《本草纲目》吧。明朝的李时珍行走千山万水,尝遍千草百药,呕心沥血近30年才写成这部集药学之大成的传世名作,为后代寻医问药提供了非常重要的参考,救死扶伤不计其数。《中华海洋本草》应当效仿这部传世经典是项目研究人员的共识。

2005年,时任国家海洋局局长王曙光和中国工程院院士、海洋药物学家管华诗任《中华海洋本草》主编,主持成立了由国内20多名中医学、中药学、药物化学、药理学、生物学等领域的院士和著名专家组成的顾问委员会、编纂委员会和编审委员会,组织了国内40余所高等院校和科研机构的中医药学、海洋生物学、微生物学、药理学等领域的300余名专家学者齐聚一堂,参与编纂。他们以中国海洋大学为主要依托单位,特设《中华海洋本草》编辑部,制订了编纂工作程序,确定了编写原则、编写大纲、编写细则、编写药物物种名录等多个规范性文件。

在海洋药用生物资源野外调查数据和室内分类鉴定、活性筛选等数据的基础上,在搜集、查阅、调研大量文献资料的基础上,引用历代典籍500余部、现代期刊文献5万余条、数据库10余个,《中华海洋本草》初稿形成。经过反复考证、分析、审核、修正,著作于2009年出版,前前后后历经5年。

《中华海洋本草》

《中华海洋本草》由《中华海洋本草》主篇与《海洋药源微生物》《海洋天然产物》两个副篇构成,共9卷,合计约1400万字,是集中国海洋药物大成之作,是迄今为止最系统、最权威的大型海洋药物志书,也是中国覆盖海洋药物领域的一部大作,全面、系统地记载了海洋药物及其药理与有效作用的历史、现状及发展前景。以它为基础,研究者可以全面查询海洋药物,深入研究海洋药物,是开发利用海洋资源的重要依据。

《中华海洋本草》在社会、科研、管理、生活等方面发挥着重要作用。

利用海洋药用生物治病,是《中华海洋本草》的首要用途。《中华海洋本草》包含矿物药、植物药、动物药3个方面1400多个物种,治疗的病种从外科、内科、妇科到小儿科,涉及范围很广。书中的数千个复方不但能为医生诊断、开药提供参考和借鉴,而且为普通人提供了预防措施。

相信你一定吃过海鲜,但你知道它们可以治病吗?在《中华海洋本草》里,你既可以了解海洋生物的营养价值,又可以学到预防和治疗疾病的方法。比如:海参既可以补充钙、磷、铁、B族维生素等对人体生理活动有益的营养成分,又对人体的生长发育、抗炎和预防组织老化、促进伤口愈合、抑制癌细胞有特殊功效。哪些有毒物种不能食用?如何解除不小心中的毒?书中都有注明。

《中华海洋本草》一经问世,便在海洋、医药、教育、科技等诸多领域得到广泛应用。海洋生物药物的开发和上市速度明显加快。2007—2017年,中国海洋生物医药行业增加值增长了近10倍,俨然已成海洋经济领域最亮眼的"明星"。十几年间,中国先后有8种海洋药物由美国食品药品监督管理局或欧洲药品管理局批准上市。到2016年,全球的海洋药物产值达到86亿美元,海洋医药成为蓝色经济发展中的重要一极。世界上众多国家尤其是美国、日本及欧盟各国等纷纷制订计划,投入巨资开发海洋生物资源,海洋药物已经成为国际医药领域竞争的热点。

管华诗院士

海洋是个"百宝箱"

　　大海中有很多神秘生物,既令人敬畏,又让人神往。鱼、虾、海藻、珊瑚、海马……海洋中丰富多样的生物不仅是我们重要的食物来源,也是我们巨大的医药资源库。

　　打开手机上的购物软件,搜索"海泥面膜",琳琅满目的品牌跃然屏上。这并非偶然,也不是在当代社会才出现的。古埃及蚀刻画就栩栩如生地记载了人们浸浴海泥并将泥浆涂抹在脸上保养肌肤的场景。

　　海泥是一种深海中的矿物泥,内含多种人体所需的活性成分和丰富的矿物质,适合多种类型的皮肤,有提亮肤色、延缓衰老的作用。海泥成分具有特殊的孔状结构,有超凡的吸附能力,能通过渗透离子促进血液循环,增进新陈代谢,清除肌肤深层污垢及油脂,排除杂质,恢复皮肤弹性。正因如此,人们越来越愿意用海泥来保养皮肤。

海泥采集

以海泥为主要成分的面膜含有多种对肌肤有益的营养元素，具有滋润、美白和去死皮的作用。此外，海泥对牛皮癣、脚气、关节炎疼痛等也有一定疗效。

海洋疏浚泥也能做面膜，能制成颜色各异的陶碗和其他工艺品，还能应用于填海工程、海洋构筑物、人工鱼礁……

海洋生物领域更是近年来备受关注的领域。从太平洋鲱鱼的精巢中提取的脱氧核苷酸对白细胞增生有明显作用；从带鱼鳞中提取的鸟嘌呤可用作治疗白血病新药的原料……海洋生物资源的高效、深层次开发利用，尤其是海洋药物和海洋生物制品的研究与产业化已成为关注度非常高的领域。

向海问药成为多种创新药物研发的重要方向。

美国、日本、瑞士等发达国家正在全球收集、筛选优质海洋生物资源，建立资源养殖基地，以抢占未来科技竞争制高点。世界不同国家已从海洋动物、微生物中分离出了两万多个新化合物，其中大量处于成药性评价和临床前研究。

海洋生物技术的快速发展进一步推动了海洋药物研发的突飞猛进。到目前为止，国际上已有 10 种海洋药物被美国食品药品监督管理局或欧洲药品管理局批准用于抗肿瘤、抗病毒及镇痛等，20 种海洋药物在进行临床研究，1400 种处于临床前系统研究。

不仅如此，海洋生物资源开发利用还将"触角"伸向新兴朝阳产业。许多发达国家每年投入 100 亿美元资金用于开发海洋生物酶；美国强生、英国施乐辉等公司都投入巨资开发生物相容性海洋生物医用材料。

中国也正在加快以珍珠、中华鲎、海蛇、海马、海龙、海星为原料的多糖、蛋白质、氨基酸、生物碱类等海洋活性物质的研制和开发。

每年的 4 月底到 5 月初正是羊栖菜成熟的季节，河北秦皇岛市海东青食品有限公司羊栖菜生产车间呈现出一派繁忙的景象。

羊栖菜是生长在沿海一带的一种藻类植物，营养价值较高，富含大量具有抗肿瘤、抗氧化、降血脂、降血糖等药理活性的多糖。

为了深挖并充分利用羊栖菜的多糖价值，该公司联合多家科研、养殖和生产企业提出了羊栖菜活性多糖系列产品产业化项目。

科研人员通过羊栖菜活性多糖提取及低温冷冻干燥技术萃取羊栖菜多糖，进而开发羊栖菜多糖调味品、活性多糖面膜等产品，同时为进一步深化相关药品研发做准备。

打开宝库的钥匙

海洋生物医药是以海洋生物为原料，应用最新的技术和信息化手段研发生产的海洋生物化学药品、保健品和基因工程药物。研制海洋生物医药的工序非常复杂。

2017 年，中国大洋第 38 航次科考完成，"蛟龙"号载人潜水器带着大量珍贵的样品返回青岛母港。"蛟龙"回家，兴奋的不止船上的科考队员，还有在岸上翘首企盼的研究员们。这些在常人看来无比普通的泥巴和海水在专家眼里却成了香饽饽。

然而，药源采集的难题始终困扰着科研人员。

在没有深远海技术和装备之前，人类很难从深海里获取样品；如今，深海装备日趋完善，能够获得的资源依然非常稀少。有时，一段长达两个月的航程却只能采集到 1 ~ 2 个样品。

你或许会疑惑：海洋可是个药物"富矿"，采集样品怎么会那么难呢？

这是因为许多有显著活性的海洋化合物因自然资源有限而无法大量获得，海洋生态环境的特殊性又使得人工养殖的方式不太可行。另外，由于海洋生物的高活性成分结构十分复杂，采样后的保鲜、保存、运输及后期培养等都需要考虑。

和资源一样难以获得的还有它里面的活性物质，也就是药物价值。

由于海洋具有高盐、高压、缺氧、低温等异于陆地的生态环境，很多海洋生物有着与陆地生物不同的代谢途径，并产生了结构独特但药理、毒理作用显著的活性成分。

目前，人类已经发现约 3.5 万个海洋天然产物，其中有一半以上具有生物活性，且远远高于陆地上动植物天然产物的生物活性。当然，海洋中还有很多未知的海洋天然产物。

然而，海洋生物的高活性成分结构十分复杂，其培养条件也十分严苛。

相关科研人员解释道，这是因为样品生存在寡营养、少阳光、高压力的深海，这样的生物即便获得了，拿到陆地实验室内进行培养再生也是很困难的。

采集难、培养难严重制约了海洋药物的研发，海洋药物在批准上市的药物中所占比例甚小。

此外，中国对于海洋药用生物资源缺乏系统评估，所以目前可利用的资源种类十分有限，加之过度捕捞导致近海海域生物链遭破坏，许多重要的海洋药用生物资源濒临枯竭，也在一定程度上制约了中国海洋药物的开发。

人类走向海洋的脚步永不会停止，层出不穷的开发瓶颈与难题也不会阻碍研究人员前进的步伐，反而更加激励他们不断创新突破，征服一座又一座科学探索的险峰。

海洋药物筛选也一直是蓝色医药开发的"卡脖子"问题。

2018 年 7 月，在青岛举行的 2018 年全球海洋院所领导人会议上传来消息：中国工程院院士、青岛海洋生物医药研究院院长管华诗发布了全球首个海洋天然产物三维结构数据库。

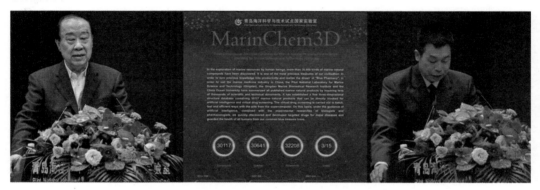

2018 年，我国发布首个海洋天然产物三维结构数据库。

海洋天然产物三维结构数据库容纳了 30117 个海洋天然产物的准确三维结构，可直接用于虚拟筛选与智能药物设计，大大提升了海洋药物的研发效率。

目前，借助该数据库，管华诗团队已经发现了 1000 余个具有开发前景的抗肿瘤药物苗头分子，发现了诸多可开发为海洋药物的先导化合物。

"深蓝大脑"是青岛海洋科学与技术试点国家实验室高性能科学计算与系统仿真平台重点打造的"全球海洋人工智能与大数据系统"。该系统涵盖全球与区域海洋和气候预测、海洋药物智能筛选、海底战略性能源智能勘探、海洋生态系统演变预测、海洋大数据智能分析等众多领域，致力于更准确、更精细、更高效地为海洋科技创新服务。

2016 年，管华诗领衔实施了"中国蓝色药库开发计划"，以采集的海洋药用生物资源、分离获得的化合物为基础，构建了中国首个海洋药用生物资源基础库。在药物筛选过程中，科研人员一改过去的盲试，创新应用超算技术，把海洋药物筛选准确率从之前的不足 20% 提升至 60% 以上。

海洋药物筛选一直是个"老大难"问题。

　　这是因为在海洋药物研发中获取资源相对困难，而在珍贵的海洋生物样品中，天然产物含量非常低，并且其中的活性物质一旦改变环境，其生物活性的合成就难以保持，所以能做的实验非常有限。而且，在确定其有药用价值前，研究人员一般不进行大规模人工制备，因为海洋天然产物结构复杂，人工制备难度大、成本高，一旦没有药用价值，大规模制备产品就会白白浪费。在这种情况下，海洋药物筛选准确率一直不足20%。

　　为了越过大海捞针般的常规筛选过程，青岛海洋科学与技术试点国家实验室的科学家们创新运用超算和大数据技术来突破这一技术瓶颈。

　　"我们将海洋产物三维结构与药物分子靶点数据进行比对与计算，就像是'钥匙'和'锁'进行比对与计算。"管华诗介绍，他们先通过超算虚拟技术海选，然后用高通量技术再次精选，每天的筛选能力可达1万个化合物以上，而且原料使用量很少。超算虚拟加上高通量技术彻底颠覆了海洋药物的传统研发手段。仅仅两年时间，实验室就发现了数百个具有成药前景的海洋化合物，相当于走完了过去几十年才能走完的路。

　　之前，计算机药物筛选技术并未在业界形成规模，只有个别科研院所和大型药企小规模使用。如今，利用智能超算平台每秒2600万亿次的计算能力，这项技术有望实现大规模应用。

海洋生物医药，热点地区前瞻

蓝色经济热潮的兴起引发了山东、江苏、福建等沿海省份的热烈响应，各地加大投入，将海洋生物医药视作重要增长点加速推动。

坐标青岛——

海洋生物医药产业是山东省青岛市重点培育的战略性新兴产业。2018 年，依托国家级重大平台，青岛连续发布系列海洋药物与生物制品科研成果，"蓝色药库"雏形初步显现，为海洋创新药物的研究开发奠定了坚实基础。

在位于青岛高新区的华仁太医药业有限公司实验室内，研究人员正在用牡蛎制作一种用于人体补钙的碳酸钙胶囊。据介绍，这种胶囊是一种天然的补钙剂，以牡蛎壳为主要原料，经过高温煅烧，用现代新技术、新工艺制备而成，比普通的补钙剂更易于人体吸收。

研究人员正在用牡蛎制作用于人体补钙的碳酸钙胶囊。

在青岛高新区的青岛明药堂医疗股份有限公司车间里，工作人员正在加工一批医用口罩。这种口罩看上去与普通口罩无异，却是由普通螃蟹壳中的提取物制成的。

据介绍，该口罩中间的熔喷布含有甲壳素成分，不仅具备了普通口罩的被动吸附功能，还因为甲壳素中含有天然的海洋正电荷，能够吸附空气中带负电荷的尘埃粒子。

螃蟹壳、牡蛎贝壳、海带、海藻……在青岛高新区蓝色生物医药产业园里，这些普通的海洋元素摇身一变，竟成了生物医药产品。

海洋生物的本领可远不止如此，它们还为治疗疑难杂症带来了希望。

2018年7月，由中国工程院院士管华诗科研团队参与研发的治疗阿尔茨海默病（俗称"老年痴呆症"）的新药"甘露寡糖二酸"顺利完成第三期临床试验，为全球阿尔茨海默病患者带来了福音。这种新药就来源于从海藻中提取的海洋寡糖类分子，其特殊结构和生物活性能对肿瘤和神经疾病等疑难杂症产生特殊效应。

在"甘露寡糖二酸"临床试验前不久，也是在青岛高新区蓝色生物医药产业园里，青岛康立泰药业有限公司专家赵毅博士和她的研发团队带来了一个好消息：他们研制的生物新药"重组人白介素12注射液"获得国家食品药品监督管理总局颁发的临床试验批件。用该创新药对肿瘤患者进行放化疗具有全血象恢复、抑制肿瘤细胞生长、调节机体免疫力的作用，对于癌症患者来说是个福音。

据介绍，借着海洋经济快速发展的东风，高新区蓝色生物医药产业园正在快速崛起，成为青岛海洋生物医药的"新星"。该区已吸引90余家企业入驻，2018年总产值达到3亿元。

作为以海洋经济发展为主题的国家级新区，青岛西海岸新区也逐渐在海洋生物医药研发中崭露头角。

中国唯一一个国家级海洋药物中试基地——正大制药（青岛）有限公司就坐落在青岛西海岸新区的中德生态园。该公司成立于1994年，是中国第一家海洋药物生产企业。

中国第一个海洋药物——藻酸双酯钠片就诞生于这家公司。该药成为世界上第五个被国际学术界和医学界认可的

藻酸双酯钠片

海洋药物,先后获得国际、国内24项大奖。

据介绍,在国内上市的5种海洋药物中,有3种都是由该公司出品的。该公司还与中国海洋大学医药学院、青岛海洋生物医药研究院管华诗院士团队深度合作,每年投入巨资推动海洋一类新药的研发。

在接下来的几年里,青岛将进一步加大海洋生物医药产业的培育力度,重点研发一批具有自主知识产权的海洋药物,大力发展利用海洋生物活性物质提取、合成以及利用基因工程等技术开发的海洋药物,以及生物医用材料、功能食品、化妆品等功能性海洋生物制品。

坐标厦门——

来到厦门市海沧区的生物医药港,你能一睹海洋生物医药的神奇。在这里,人们通过高新技术加工延长产业链,将海洋动植物变成具有医疗保健价值的产品。

相信不少人喜欢吃虾蟹吧,但人们往往在享受美味后便把剩余的虾蟹壳当作垃圾扔掉了。然而,对于厦门蓝湾科技有限公司来说,这些虾蟹壳却成了香饽饽。经过有序的化学工艺流程,虾蟹壳变为氨基葡萄糖,并被制成有利于人体吸收的降血糖保健品。经过多年发展,该产品得到市场的广泛认可,远销海外。

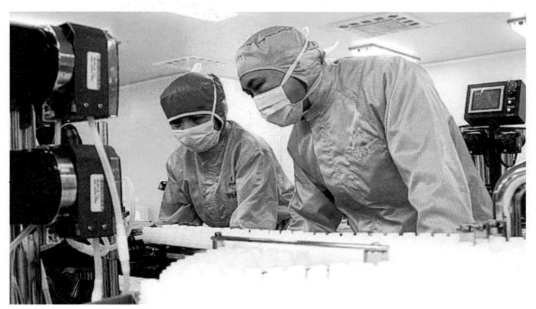

用海藻酸钠制作纱布

在厦门百美特生物材料科技有限公司的车间里，一种神奇的纱布被生产出来。这种纱布由海藻中的提取物——海藻酸钠制成，具有高湿性、止血快、易去除等多种优点，对伤口新生组织具有保护作用。

辅酶 Q_{10} 被誉为"心脏保护神"和"神奇营养素"，能有效抑制线粒体的过氧化，是人体的非特异性免疫增强剂。厦门金达威集团通过海洋微生物黄色隐球酵母发酵生产辅酶 Q_{10}，已成为全球最大的辅酶 Q_{10} 原料供应商，占据全球约 50% 的市场份额。

这几家企业仅仅是厦门生物医药港内众多海洋生物企业的代表。厦门生物医药港已集聚各类海洋生物企业 30 余家，实现年产值 30 亿元人民币左右，涌现了金达威、鲎生科、安井食品 3 家上市企业。一个以海洋药物和生物材料、海洋保健品和化妆品、海洋生物育种和绿色农用制品为特色的海洋生物产业集群正在迅速崛起。

坐标福州——

鲎又称"马蹄蟹"，大约出现于 4 亿年前的泥盆纪，至今仍保留着原始而古老的样貌，是阅尽地球历史长河的生物之一，被誉为"生物活化石"。

有"生物活化石"之称的鲎

如今，这个古老的海洋物种摇身变成了人们的救命药，开始发挥新的效用。

据了解，在鲨血液里的阿米巴样细胞中，有一种叫作"鲨阿米巴样细胞裂解物"（LAL）的物质，它可以被用于检测革兰氏阴性细菌细胞壁的成分脂多糖（内毒素）。也就是说，鲨的血液可以制成专用于细菌内毒素检测的试剂LAL。在美国，由其国家食品药品监督管理局授权生产的每一种药物都必须经过LAL测试。

2018年上半年，福建省福州市新北生化工业有限公司将第四代鲨试剂升级，研制出新型临床感染检测试剂盒以检测人体血液中细菌内毒素和真菌多糖。

新北生化是福州市发展海洋生物制药产业的中坚力量。第四代鲨试剂的成功研发连接了下游鲨养殖企业，推动了海洋重点产业延伸，对提升当地海洋生物制造业具有积极意义。

研发人员在检验海洋生物制剂。

不仅是鲨试剂，海洋生物技术也在悄然推动福州市海洋产业再上新台阶。作为福州市"十三五"海洋经济发展的重点项目，海欣食品股份有限公司将生物技术和食品加工技术结合，将低值海洋鱼蛋白源抗氧化肽应用到功能肽饮料和固体饮料等高附加值产品中；长乐聚泉食品有限公司回收鳗鲡加工副产物，高值化开发其蛋白资源，重点生产面向"一带一路"沿线国家的水产抗氧化蛋白肽制品。

后 记

2018年6月12日，习近平总书记在山东考察时，来到青岛海洋科学与技术试点国家实验室，了解实验室研究重大前沿科学问题、系统布局和自主研发海洋高端装备、推进海洋军民融合等情况后，深情地说："建设海洋强国，我一直有这样一个信念。"

总书记的这句话打动了所有海洋工作者。于是，多方经过反复沟通、探讨，就形成了本书系。

本书系一共有4本：《驶向深蓝·纵横九万里》以船舶为主线，主要介绍我国大洋、极地科考以及海洋卫星的发展历程；《挺进深海·潜航一万米》以潜水器为主线，主要介绍载人潜水器、无人潜水器及水下机器人的研发历程；《耕海牧渔·奋楫千重浪》主要以海洋渔业为主线，介绍我国海洋养殖、捕捞业的发展历程；《定海神针·决战新要地》以海洋经济发展为主线，介绍我国跨海大桥、港口、海水淡化、海洋资源开发、海洋生物医药等发展情况。

本书系系统讲述了我国海洋领域具有代表性的重大装备的发展历程、创新技术、科学原理、背后故事、重要成果，如同一幅波澜壮阔的蓝色画卷，徐徐展开。

为了保证事实准确、数据可靠，我们得到了自然资源部所属的国家海洋局极地考察办公室、中国大洋协会办公室、北海局、东海局、南海局，海洋一所、二所、三所、淡化所，国家卫星海洋应用中心、国家深海基地管理中心、中国极地中心以及天津大学、中科院沈阳自动化所、大连海洋大学等有关专家的支持和帮助，纠正了一些错误，并得到了大量历史图片。在此，我们深表感谢。

建设海洋强国是近代百余年来无数有识之士所期盼的，更需要一代又一代人前赴后继地为之奋斗，让过去有海无防、有海无权、落后挨打、割地赔款的耻辱彻底成为历史。

站在海边远眺，波浪一层一层地由近及远，直抵天际。辽阔的海天之间，蕴藏着力量、神秘、恐惧、梦想和远方。

心若在，梦就在；海洋强，则国强。实现中华民族伟大复兴的中国梦，建设海洋强国必不可少。

谨以本书系献给那些"愿乘长风，破万里浪"和"直挂云帆济沧海"的勇士们。

图书在版编目（CIP）数据

定海神针·决战新要地 / 陈佳邑编著 . — 青岛：青岛出版社，2021.6
ISBN 978-7-5552-8546-5

Ⅰ.①定… Ⅱ.①陈… Ⅲ.①海洋开发—科学技术—中国—青少年读物 Ⅳ.①P74-49

中国版本图书馆CIP数据核字（2019）第197774号

书　　名	定海神针·决战新要地
作　　者	陈佳邑
出版发行	青岛出版社（青岛市海尔路182号，266061）
本社网址	http://www.qdpub.com
策划编辑	张性阳　宋来鹏
责任编辑	宋　磊
责任校对	周静静
照　　排	青岛出版社教育设计制作中心
印　　刷	青岛嘉宝印刷包装有限公司
出版日期	2021 年 6 月第 1 版　2021 年 6 月第 1 次印刷
开　　本	16开（787mm×1092mm）
印　　张	9.5
字　　数	180 千
书　　号	ISBN 978-7-5552-8546-5
定　　价	48.00 元

编校印装质量、盗版监督服务电话　4006532017　0532-68068050